Mark Dodgson & David Gann

Inovação

Tradução de Iuri Abreu

Coleção **L&PM** POCKET, vol. 1164

Mark Dodgson é professor e diretor do Centro de Gestão de Tecnologia e Inovação da Faculdade de Negócios da Universidade de Queensland. Estudou inovação por mais de 25 anos em mais de 50 países. **David Gann** é professor e coordenador do Grupo de Inovação e Empreendedorismo no Imperial College London. É executivo do Grupo de Inovação da Laing O'Rourke e presidente do grupo Think, Play, Do. São coautores de *The Oxford Handbook of Innovation Management*; *The Management of Technological Innovation: Strategy and Practice* e *Think, Play, Do: Innovation, Technology, and Organization*.

Texto de acordo com a nova ortografia.
Título original: *Innovation*
Primeira edição na Coleção **L&PM** POCKET: setembro de 2014

Tradução: Iuri Abreu
Capa: Ivan Pinheiro Machado. *Ilustração*: kurhan / Shutterstock
Preparação: Viviane Borba
Revisão: Elisângela Rosa dos Santos

CIP-Brasil. Catalogação na Fonte
Sindicato Nacional dos Editores de Livros, RJ

D675i

Dodgson, Mark, 1957-
    Inovação / Mark Dodgson, David Gann; tradução Iuri Abreu. – 1. ed. – Porto Alegre, RS: L&PM, 2014.
    176 p. : il. ; 18 cm.   (Coleção L&PM POCKET, v. 1164)

    Tradução de: *Innovation*
    Inclui índice
    ISBN 978-85-254-3125-7

    1. Inovações - Aspectos econômicos - Criatividade. I. Gann, David. II. Título. III. Série.

14-10641	CDD: 338.06
	CDU: 338.06

© Mark Dodgson e David Gann, 2010
***Innovation* foi originalmente publicado em inglês em 2010.**
Esta tradução é publicada conforme acordo com a Oxford University Press.

Todos os direitos desta edição reservados a L&PM Editores
Rua Comendador Coruja, 326 – Floresta – 90220-180
Porto Alegre – RS – Brasil / Fone: 51.3225.5777 – Fax: 51.3221.5380

PEDIDOS & DEPTO. COMERCIAL: vendas@lpm.com.br
FALE CONOSCO: info@lpm.com.br
www.lpm.com.br

Impresso no Brasil
Primavera de 2014

Para Yo e Anne

Sumário

Prefácio 9

Capítulo 1: Josiah Wedgwood:
o maior inovador do mundo 11

Capítulo 2: As ondas de destruição
criativa de Joseph Schumpeter 22

Capítulo 3: A ponte Millenium de Londres:
aprendendo com o erro...41

Capítulo 4: O novo polímero de Stephanie Kwolek:
do laboratório para o estrelato...50

Capítulo 5: O gênio organizacional de Thomas Edison.... 94

Capítulo 6: Construindo um planeta mais inteligente? ... 130

Referências 151

Leituras complementares 155

Índice remissivo.. 157

Lista de ilustrações 163

Prefácio

Quando nascemos, não muito tempo atrás, não havia tecnologias da informação nem redes de televisão, e a viagem aérea era rara e exuberante. Nossos pais nasceram em um mundo ainda mais diferente do que o atual, em que a televisão ainda não fora inventada e não havia penicilina nem comida congelada. Quando nossos avós nasceram, não havia motores de combustão interna, aviões, cinemas nem rádios. Nossos bisavós viveram em um mundo sem lâmpadas, carros, telefones, bicicletas, refrigeradores e máquinas de escrever, e é provável que suas vidas tenham tido mais em comum com a de um camponês romano do que com a nossa. No período relativamente curto de 150 anos, nossas vidas em casa e no trabalho foram transformadas por completo por novos produtos e serviços. O motivo pelo qual o mundo mudou tanto pode ser explicado, em grande medida, pela inovação.

Esta obra, uma breve introdução ao tema, define inovação como ideias, aplicadas com êxito, e explica por que ela tem a capacidade de nos afetar de modo tão profundo. Descrevemos como a inovação ocorre, o que e quem a estimula, como ela é perseguida e organizada e quais são seus resultados, sejam positivos ou negativos. Argumentamos que a inovação é crucial para o progresso socioeconômico e que, apesar disso, representa um desafio enorme e está permeada pelo fracasso. Descrevemos que a inovação tem muitos colaboradores e assume formas distintas, o que aumenta sua complexidade. Fornecemos uma análise do processo de inovação: as maneiras como as organizações mobilizam seus recursos para inovar e os eventuais resultados da inovação, que podem assumir uma série de formas.

As inovações não são encontradas apenas nas atividades desempenhadas pelas organizações, mas também em como tais atividades são desempenhadas. O processo de inovação está passando atualmente por um período de mudança, estimulado, em boa parte, pelas oportunidades de usar novas tecnologias da internet e de visualização para acessar ideias distribuídas em todo o mundo. As potenciais fontes de inovação estão crescendo com rapidez. Por exemplo, há mais cientistas e engenheiros vivos hoje do que em toda a história passada combinada. Além disso, o foco da inovação está mudando à medida que as economias vão sendo dominadas por setores de serviços, e a aquisição, ou o acesso, ao conhecimento está cada vez mais valiosa em comparação aos bens físicos. A inovação está tornando-se mais internacionalizada, com fontes importantes emergindo na China, na Índia e em qualquer outro lugar além das potências industriais da Europa, da América do Norte e do Japão. Exploramos até que ponto nosso entendimento de inovação, desenvolvido no século passado ou antes, pode ser aplicado para dar conta das incansáveis transformações e turbulências que testemunharemos na economia global no futuro.

Os primeiros três capítulos explicam o que é inovação, sua importância e seus resultados. Os capítulos subsequentes examinam aqueles que colaboram com a inovação, como ela é organizada e como especulam sobre o seu futuro.

Nossa compreensão de inovação baseia-se em pesquisas com incontáveis organizações inovadoras do mundo inteiro e na aprendizagem obtida com os esforços acumulados de diversos acadêmicos da comunidade internacional de pesquisa em inovação. Nossos agradecimentos estendem-se a todos os inovadores e estudantes de inovação que tornam nossa jornada tão empolgante e gratificante. Agradecemos sobretudo a Irving Wladawsky-Berger e Gerard Fairtlough, dois grandes inovadores que tiveram profunda influência em nosso pensamento.

Capítulo 1

Josiah Wedgwood:
O maior inovador do mundo

Começamos com o estudo sobre um inovador exemplar, uma pessoa que nos diz muito sobre os interesses do inovador. Ele estabeleceu uma empresa duradoura e de alto perfil, criando inovações substanciais em seus produtos, nas formas em que eram produzidos e na maneira como criavam valor para ele mesmo e para os clientes. Ele contribuiu significativamente com a criação da infraestrutura nacional, ajudou a criar uma indústria regional dinâmica, foi pioneiro em novos mercados de exportação e exerceu influência positiva sobre políticas governamentais. Sua impressionante contribuição científica foi reconhecida por sua eleição para Membro da Sociedade Real em 1783. Foi um gênio do marketing e criou um vínculo entre as comunidades científica e artística por meio de uma abordagem inteiramente nova ao design industrial. Sua contribuição mais importante está na maneira como melhorou a qualidade de vida e do trabalho na sociedade em que viveu. Trata-se do ceramista Josiah Wedgwood (1730-1795).

Nascido em modestas circunstâncias de uma família de ceramistas de Staffordshire, Wedgwood era o mais novo de 13 filhos, e seu pai morreu quando ele era jovem. Começou a trabalhar como ceramista quando tinha 11 anos. Sofreu bastante de varíola quando criança, o que teve grande impacto em sua vida. Segundo William Gladstone, a doença "permitiu que ele se voltasse para si mesmo, levando-o a meditar sobre as leis e os segredos de sua arte (...) o que foi para ele (...) um oráculo para sua própria mente investigativa, curiosa, meditativa e fértil". Durante a primeira parte da carreira, trabalhou em uma série de parcerias, estudando todos os ramos da fabricação e venda de cerâmica.

1. O maior inovador do mundo.

Quando Wedgwood iniciou o próprio negócio, aos 29 anos, já dominava todos os aspectos da indústria da cerâmica.

Por volta dos 35 anos, a deficiência resultante da varíola era uma limitação grande demais, então teve sua perna amputada, naturalmente sem o auxílio de antissépticos ou anestésicos. Como prova de energia e motivação, após alguns dias ele já estava escrevendo cartas. Algumas semanas depois, sofreu a trágica perda de um dos filhos. Um mês após a cirurgia estava de volta ao trabalho.

Até meados do século XVIII, a indústria europeia da cerâmica havia sido dominada pelas importações chinesas durante aproximadamente 200 anos. A porcelana chinesa, inventada quase mil anos antes, atingiu uma qualidade em material e vidrado sem equiparação. Era muito apreciada pelos ricos, porém cara demais para as classes industriais em expansão, cujas rendas e aspirações estavam crescendo durante esse período da Revolução Industrial. Restrições comerciais sobre fabricantes chineses aumentaram ainda mais o preço das importações para a Grã-Bretanha. A situação estava favorável para que a inovação oferecesse cerâmicas atraentes e a preços acessíveis para um mercado de massa.

Wedgwood foi um inovador de produtos, sempre buscando inovação nos materiais usados e nos vidrados, cores e formas de suas mercadorias. Conduziu intermináveis experimentos por meio de tentativa e erro para aumentar de forma contínua a qualidade, removendo impurezas e tornando os resultados mais previsíveis. Seu lema preferido era "tudo submete-se a experimento". Algumas inovações resultavam de melhorias incrementais em produtos existentes. Ele refinou uma nova cerâmica de cor creme que estava sendo desenvolvida na indústria daquela época, transformando-a em uma cerâmica de alta qualidade bastante versátil, pois podia ser modelada sobre uma roda, posta sobre um torno ou molde. Após produzir um conjunto de jantar para a rainha Carlota, esposa de Jorge III, e receber sua aprovação, ele chamou essa inovação de "Cerâmica da Rainha". Outras inovações foram mais radicais. Em 1775, após aproximadamente 5.000 experimentos registrados, que normalmente eram difíceis e de alto custo, Wedgwood produziu Jasper, uma cerâmica fina, com frequência na cor azul. Essa foi uma das inovações mais significativas desde a invenção da porcelana. Suas principais inovações de produto ainda estavam sendo produzidas pela companhia Wedgwood mais de 200 anos depois.

Ele auxiliou diversos artistas e arquitetos no projeto de seus produtos, inclusive George Hepplewhite, fabricante de mobília; Robert Adam, arquiteto; e George Stubbs, artista. Uma de suas grandes realizações foi a aplicação do design ao cotidiano. O famoso escultor John Flaxman, por exemplo, produziu tinteiros, candelabros, carimbos, xícaras e bules. Produtos que antes não tinham atrativos ficaram elegantes.

Wedgwood procurou ideias de design em todos os lugares: clientes, amigos e rivais. Ele frequentava museus e casarios, além de fazer buscas minuciosas em antiquários. Uma de suas fontes valiosas de design era um círculo de artistas amadoras entre mulheres bem-educadas. Parte da exitosa abordagem de Wedgwood em trabalhar com artistas, de acordo com Llewellyn Jewitt, seu biógrafo do século XIX, estava em seu esforço "para aprimorar a imaginação e a habilidade do artista com uma colisão com os talentos de outros".

Em um discurso de William Gladstone, uma geração após a morte de Wedgwood, ele diz o seguinte sobre o ceramista:

> Seu mérito mais notável e característico (...) encontrava-se na firmeza e plenitude de sua percepção da verdadeira lei do que consideramos arte industrial ou, em outras palavras, a aplicação da arte maior à indústria: a lei que nos ensina, em primeiro lugar, a pretender dar a todo objeto o maior grau possível de adequação e conveniência para seu propósito e, a seguir, torná-lo veículo do maior grau de beleza, que deverá ser compatível com adequação e conveniência: o que não substitui o fim secundário pelo primário, mas reconhece como parte do negócio o estudo para harmonizar os dois.

Em suas inovações no processo de fabricação, Wedgwood introduziu o motor a vapor em sua fábrica e, como consequência, a indústria de cerâmica de Staffordshire foi a primeira a adotar essa nova tecnologia. O motor a vapor trouxe muitas mudanças aos processos de produção. Antes disso, as olarias ficavam distantes dos engenhos que forneciam energia para misturar e moer as matérias-primas. A energia na fábrica reduzia significativamente os custos de transporte. Também mecanizava os processos de modelar e rodar os potes, previamente movidos por rodas impulsionadas pelas mãos ou pelos pés. A tecnologia aprimorou a eficiência na forma como o uso de tornos mecânicos para aparar, estriar e colorir os produtos melhorou o rendimento da produção.

Ele estava preocupado com a qualidade, por isso passou muito tempo desfazendo e reconstruindo fornos para melhorar o desempenho. Era conhecido por não tolerar baixa qualidade nos produtos. Reza a lenda que ele rondava a fábrica quebrando cerâmicas abaixo do padrão e escrevendo "isso não serve para Josiah Wedgwood" com giz nas bancadas criticadas.

Um dos desafios perenes de fabricar cerâmica era a medição de altas temperaturas em fornos para controlar o processo de produção. Wedgwood inventou um pirômetro, ou termômetro, que registrava essas temperaturas. Por esse feito, foi nomeado Membro da Sociedade Real em 1783.

Muitos dos produtos mais populares de Wedgwood eram produzidos em grandes quantidades em moldes simples, que eram mais tarde aprimorados por designers para refletir as tendências atuais. Outros produtos mais especializados eram fabricados em pequenos lotes com alta variação, mudando rapidamente de cor, forma, estilo e preço, conforme a demanda do mercado. Ele subcontratava a fabricação de alguns produtos e suas gravuras para reduzir o próprio estoque. Quando os pedidos excediam a capacidade de produção, terceirizava para outros ceramistas. O sistema de produção inovador de Wedgwood pretendia minimizar o risco operacional e reduzir os custos fixos. Com alta percepção de custos, certa vez reclamou que, apesar de as vendas estarem em alta, os lucros eram mínimos. Estudou estruturas de custo e passou a valorizar economias de escala, tentando evitar a produção de vasos únicos "pelo menos até que tenhamos uma maneira mais metódica de fazer os mesmos tipos várias vezes".

Wedgwood foi um inovador na forma como o trabalho era organizado. Suas inovações organizacionais foram introduzidas em uma indústria essencialmente camponesa, com práticas primitivas de trabalho. Quando fundou Etruria, sua principal fábrica de Staffordshire, Wedgwood aplicou os princípios da divisão de trabalho adotados por seu contemporâneo, Adam Smith. Com a substituição da técnica anterior de produção artesanal, em que um trabalhador fabricava produtos inteiros, especialistas passaram a se concentrar em um elemento específico do processo de produção para aprimorar a eficiência. A habilidade artesanal melhorou, permitindo, por exemplo, que os artistas aprimorassem a qualidade dos designs. Assim, a inovação prosperou. Uma das coisas de que ele mais se vangloriava era ter "transformado meros homens em artistas".

Wedgwood pagava salários um pouco mais altos do que a média local e investia extensivamente em treinamento e desenvolvimento de habilidades. Como retorno, exigia pontualidade, tendo adotado um sino para convocar os trabalhadores. Implementou também um sistema primitivo de relógio-ponto, horas fixas e participação constante; estabeleceu altos padrões de cuidado e limpeza e de eliminação de desperdícios, assim como proibiu bebidas alcoólicas. Wedgwood estava ciente a respeito de saúde e segurança, sobretudo em relação aos perigos sempre presentes do envenenamento por chumbo. Ele insistia em métodos adequados de limpeza, uniforme de trabalho e instalações para lavagem.

Como inovador comercial, Wedgwood criou valor ao formar alianças com parceiros externos de diversas maneiras. Inovou em fontes de fornecimento e distribuição, usou com astúcia parcerias pessoais e comerciais para obter vantagens e introduziu um número considerável de inovações em marketing e varejo.

Wedgwood buscava matérias-primas de melhor qualidade onde quer que as pudesse encontrar. No que hoje seria chamado de *global sourcing*, ele adquiria argila da América, em um negócio feito com a nação Cherokee, da China e da nova colônia na Austrália.

Ele tinha uma variedade de amigos com diversos interesses, os quais eram mobilizados em suas transações comerciais. Wedgwood pertencia a um grupo de pessoas cultas com pensamento semelhante que ficou conhecido como "os homens lunares", devido a suas reuniões em noites de lua cheia. Além de Wedgwood, o grupo contava com a participação de Erasmus Darwin, Matthew Boulton, James Watt e Joseph Priestley. A amizade e a parceria comercial com Boulton tiveram influência especial no pensamento de Wedgwood sobre a organização no trabalho, à medida que ele observava a eficiência, a produtividade e a lucratividade da fábrica de Boulton e de Watt, que produzia motores a vapor em Birmingham. O livro de Jenny Uglow sobre os homens lunares argumenta que eles estavam na ponta de quase todo movimento de sua época na ciência, na indústria e nas artes. Evocativamente, ela sugere que "na época dos homens lunares, ciência e arte não estavam separadas, pois era possível ser inventor e projetista, pesquisador e poeta, sonhador e empreendedor, tudo de uma só vez".

Embora tenha tido visões de certo modo contraditórias sobre a propriedade intelectual, Wedgwood incentivava a pesquisa colaborativa e era um defensor do que hoje chamamos de "inovação aberta". Em 1775, propôs um programa cooperativo com colegas ceramistas de Staffordshire para solucionar um problema técnico comum. Era um plano para o que foi o primeiro projeto de pesquisa industrial colaborativa do mundo. O esquema não chegou a decolar, mas ilustra o desejo de usar uma forma de organização que não foi explorada novamente por mais de um século.

Apesar de não gostar de patentes, tendo registrado somente uma, Wedgwood foi o primeiro no segmento de cerâmica a marcar seu nome nas peças, denotando propriedade do design. Falando sobre si mesmo, ele explica sua abordagem:

> Quando o senhor Wedgwood descobriu a arte de fazer a cerâmica da Rainha (...), não registrou uma patente para essa importante descoberta. Uma patente teria sido uma enorme limitação de sua utilidade pública. Em vez de

cem lotes da cerâmica da Rainha, haveria somente um; e, em vez da exportação para todos os cantos do mundo, poucas lindas peças teriam sido feitas para a satisfação de algumas pessoas de estilo na Inglaterra.

O período da Revolução Industrial foi de grande otimismo, bem como de revolta social. Os padrões de consumo e estilo de vida mudavam conforme os salários industriais eram pagos e novos negócios criavam novas fontes de riqueza. A população da Inglaterra dobrou de aproximadamente cinco milhões em 1700 para dez milhões em 1800. Até o século XVIII, a cerâmica inglesa fora funcional: basicamente vasos crus para armazenagem e transporte. As cerâmicas eram feitas sem refinação, ornamentadas de maneira rudimentar e envernizadas com imperfeição. O tamanho e a sofisticação do mercado desenvolveram-se durante o século XVIII. Havia alta demanda de elegantes acessórios de mesa nas cidades industriais em expansão e nas colônias cada vez mais ricas. Tomar chá – e os mais badalados café e chocolate quente – uniu-se ao tradicional passatempo britânico de beber cerveja como característica nacional.

Wedgwood buscava atender e modelar essa demanda crescente de diversas formas. A princípio, vendia suas peças concluídas a mercadores para revenda, mas também abriu um armazém em Londres, seguido de um *showroom* que recebia pedidos diretos. Clientes ocasionais comentavam sobre as peças em exibição, e Wedgwood tomava nota das críticas sobre qualidade irregular, explicando sua devoção em pesquisar sobre como atingir melhor consistência. O *showroom*, gerenciado pelo amigo Thomas Bentley, tornou-se um lugar para pessoas requintadas frequentarem, sendo que importantes novas coleções foram visitadas pela realeza e pela aristocracia. Bentley interpretava com habilidade as novas tendências e gostos, enviando informações aos planos de produção e design em Staffordshire.

Wedgwood buscava assiduamente patrocínio de políticos e aristocratas: o que ele chamava de suas "linhas, canais e relações". Ele produziu um aparelho de jantar de 952 peças para Catarina, a Grande, Imperatriz da Rússia, usando seu patrocínio explicitamente na propaganda. Sua visão era de que, se os ricos e famosos comprassem seus produtos, as novas classes médias, mercadores e profissionais, e até parte das classes mais baixas com maior poder aquisitivo, artesãos e comerciantes desejariam imitá-los.

Wedgwood e Bentley introduziram um número impressionante de inovações, como a exibição de peças dispostas em um aparelho completo de jantar, autosserviço, catálogos, livros com padrões, transporte gratuito de mercadorias, garantias de reembolso, caixeiros-viajantes e vendedores regulares, tudo com o objetivo de "entreter, divertir, agradar e surpreender as mulheres". Jane Austen escreveu sobre o prazer da entrega segura de um pedido para Wedgwood.

Ele foi pioneiro em termos de esforços de marketing internacional. Quando começou seu negócio, era raro que a cerâmica de Staffordshire chegasse a Londres, que dirá ao exterior. Para vender em mercados internacionais, novamente usou a estratégia de cortejar a realeza usando suas relações aristocráticas com embaixadores. Por volta de meados do século XVII, 80% de sua produção total era exportada.

Os produtos não eram vendidos na base de preços baixos. Os produtos de Wedgwood podiam ser duas ou três vezes mais caros do que os da concorrência. Como ele mesmo disse, "sempre foi minha intenção melhorar a qualidade dos artigos de minha fabricação, em vez de reduzir os preços". Desdenhava a redução de preços na indústria da cerâmica, escrevendo para Bentley em 1771: "parece-me que o Comércio Geral está destinado à ruína a galope... preços baixos devem gerar uma baixa qualidade de manufatura, que gerará desdém, que gerará negligência e desuso, e o comércio chegará ao fim".

As inovações de Wedgwood estendem-se a muitas outras áreas. Ele aplicou consideráveis esforços para construir a infraestrutura de suporte à fabricação e à distribuição de seus produtos. Dedicou quantidade significativa de tempo e dinheiro para melhorar a comunicação e o transporte, sobretudo com os portos que forneciam matéria-prima e serviam de rotas para o mercado. Promoveu o desenvolvimento de estradas com pedágio e tornou-se peça central na construção de importantes canais. Fez um lobby ativo junto ao governo pela política de comércio e indústria e ajudou a formar a primeira Câmara Britânica de Fabricantes.

O legado de Wedgwood foi muito além de sua empresa. Ele teve enorme impacto nas cerâmicas de Staffordshire, de modo mais geral, no que hoje seria chamado de "aglomeração industrial" inovadora. A produção de cerâmica em Staffordshire desenvolveu-se com rapidez em função dos esforços de uma série de empresas, como a Spode and Turner, mas Wedgwood era o líder reconhecido do setor.

Seu biógrafo do século XIX, Samuel Smiles, escreveu sobre a mudança ocorrida nos "vilarejos pobres e inferiores" em razão das inovações de Wedgwood:

> De um distrito povoado por aproximadamente sete mil pessoas semisselvagens e desnutridas em 1760, parcialmente empregadas e mal-remuneradas, há um aumento desse número, no decorrer de 25 anos, para o triplo da população, bem-empregadas, prósperas e em situação confortável.

A contribuição de Wedgwood à vida pública incluem melhorias em educação, saúde, alimentação e moradia de seus empregados. As 76 residências de Etruria eram consideradas, na época, um vilarejo modelo.

Wedgwood construiu uma dinastia. Ele herdou vinte libras de seu pai e, quando morreu, deixou uma das melhores empresas industriais da Inglaterra, com um patrimônio pessoal de 500 mil libras (cerca de 50 milhões de libras em moeda atual). Os filhos de Wedgwood usaram bem a fortuna que receberam. Um deles criou a Sociedade Real de Horticultura, enquanto outro teve participação fundamental no desenvolvimento da fotografia. A riqueza de Wedgwood foi usada, com excelentes resultados, para financiar os estudos de seu neto, Charles Darwin.

O caso Wedgwood suscita uma série de questões centrais que analisamos nesta obra e que revela a abordagem à inovação usada. O foco está na organização, no mecanismo para criar e entregar a inovação. Os indivíduos e suas relações pessoais, cuja importância é mostrada com clareza no caso Wedgwood, serão discutidos aqui apenas quando relacionados aos resultados organizacionais. Não discutimos os significados da inovação para nós de forma individual. Nem adotamos a perspectiva do usuário de inovação, embora se saiba que organizações inovadoras precisam tentar entender como as inovações são consumidas e com que propósito. Tendo essa observação em mente, Wedgwood mostra-nos que a inovação ocorre de muitas maneiras. Ela ocorre no que as organizações produzem: seus produtos e serviços. É encontrada na maneira como as organizações produzem: em seus processos e sistemas de produção, estruturas e práticas de trabalho, esquemas de fornecimento, colaboração com parceiros e, muito importante, em como tratam e atingem os clientes. A inovação também ocorre no contexto em que as organizações operam, como, por exemplo, em redes regionais, infraestrutura de suporte e políticas governamentais.

Wedgwood apresenta uma verdade duradoura sobre inovação: ela envolve novas combinações de ideias, conhecimentos, habilidades e recursos. Ele foi mestre na combinação dos radicais avanços científicos, tecnológicos e artísticos de sua época com a demanda dos clientes, que sofria mudanças rápidas. Gladstone disse: "Ele foi o maior homem, em qualquer época e qualquer país, a se dedicar ao importante trabalho de combinar arte e indústria". O modo como Wedgwood mesclou oportunidades tecnológicas e comerciais, arte e manufatura, criatividade e comércio talvez seja sua maior lição para nós.

Capítulo 2
As ondas de destruição criativa de Joseph Schumpeter

Todo progresso econômico e social, em última análise, depende de novas ideias que contestem a introspecção e a inércia do *status quo* com possibilidades de mudanças e melhorias. Inovação é o que acontece quando um novo pensamento é valorizado e introduzido com êxito nas organizações. É a arena onde a criação e a aplicação de novas ideias são organizadas e gerenciadas formalmente. Inovação envolve tanto preparação e objetivos deliberados quanto benefícios planejados para novas ideias que precisam ser concretizadas e implantadas. É o teatro onde a empolgação da experimentação e da aprendizagem encontra realidades organizacionais de orçamentos restritos, rotinas estabelecidas, prioridades contestadas e imaginação limitada.

Há muitas maneiras de compreender a inovação que oferecem ampla variedade de ideias e perspectivas valiosas. A variedade de diferentes lentes analíticas depende das questões específicas de inovação que estão sendo estudadas. Algumas analisam a extensão e a natureza da inovação: se uma mudança é incremental ou radical, como ela sustenta ou modifica maneiras existentes de fazer as coisas e se ocorre em sistemas inteiros ou em seus componentes. Outras análises estão interessadas em como se altera o foco da inovação ao longo do tempo, ou seja, do desenvolvimento de novos produtos até sua fabricação; seus padrões de difusão; como configurações específicas de design, tais como câmeras de videocassetes e leitores de música, obtêm o domínio do mercado, e como as organizações extraem valor da inovação.

Definição

Há várias definições de inovação, as quais podem ser tanto úteis quanto confusas. Úteis na medida em que podem abranger grande variedade de atividades e confusas pelo mesmo motivo – a palavra pode ser usada de forma indiscriminada. Até a definição relativamente simples de inovação que usamos – ideias aplicadas com êxito – suscita questões. O que é "êxito"? O tempo exerce sua influência, e as inovações podem ser inicialmente exitosas e, um dia, fracassarem, ou vice-versa. O que "aplicadas" implica? A inovação é aplicada em uma só parte da organização ou difundida ao redor do mundo entre um grupo volumoso de usuários? O que e quem são as fontes de "ideias"? Alguém pode exigir direito sobre elas, sobretudo quando inevitavelmente combinam pensamentos novos e existentes?

Tipologias de inovação também enfrentam dificuldades devido a seus limites difusos e sobreposições entre categorias. A inovação ocorre em produtos, por exemplo, em carros ou remédios novos, e em serviços, como em novas políticas de seguro ou no monitoramento da saúde. No entanto, muitas empresas de serviços descrevem suas ofertas como produtos, tais como produtos financeiros. A inovação ocorre em processos operacionais, no modo como novos produtos e serviços são entregues. Esses processos podem assumir a forma de equipamentos e maquinário, que são os produtos dos prestadores, e logística na forma de transporte, que são os serviços dos prestadores.

Há problemas semelhantes de definição quando consideramos os níveis de inovação. Uma inovação sem importância para uma organização pode ser substancial para outra. Na prática, é difícil desenvolver qualquer coisa que não seja uma escala nominal das diferenças entre níveis de inovação, e é melhor refletir sobre a categorização como tipos ideais ao longo de um contínuo. A maior parte das inovações são melhorias incrementais – ideias usadas em novos modelos de produtos e serviços existentes ou ajustes a processos organizacionais. Elas podem incluir a versão mais recente de pacotes específicos de software ou a decisão de adicionar mais representantes do departamento de marketing às equipes de desenvolvimento. Inovações radicais mudam a natureza de produtos, serviços e processos. Exemplos incluem o desenvolvimento de materiais sintéticos, como o nylon, e a decisão de usar software livre para incentivar o desenvolvimento comunitário de novos serviços, em vez de fazê-lo de maneira reservada. No nível mais alto, há inovações periódicas de transformação mais raras, que são revolucionárias em seu impacto, afetando toda a economia. Exemplos disso são o desenvolvimento do petróleo como fonte energética, o computador ou a internet.

Pensamos na inovação como ideias aplicadas com êxito a resultados e processos organizacionais. A inovação pode ser considerada prática e funcional: os resultados da inovação são novos produtos e serviços ou os processos organizacionais que dão suporte à inovação ocorrida em departamentos como Pesquisa e Desenvolvimento (P&D), Engenharia, Design e Marketing. Também é possível tratar a inovação de modo mais conceitual: os resultados da inovação são uma melhoria em termos de conhecimento e avaliação, ou são os processos que dão suporte à capacidade que as organizações têm de aprender.

Escolhemos voltar nossa atenção para inovações não descritas como "melhoria contínua", que tendem a ser rotina e altamente incrementais por natureza. Embora as pequenas melhorias sejam cumulativamente importantes, nossa preocupação é com ideias que desenvolvem e desafiam as organizações à medida que tentam sobreviver e prosperar. Mantendo o foco em inovações além do usual que ocorre nos resultados de esforços organizacionais e nos processos que os produzem, capturamos um maior grau do que é geralmente entendido como inovação.

Importância

A razão pela qual a inovação é tão importante precisa ser vista no contexto das intermináveis demandas feitas por organizações contemporâneas enquanto enfrentam os desafios de um mundo complexo e turbulento. A inovação é crucial para sua contínua existência à medida que lutam para se adaptar e evoluir a fim de dar conta de mercados e tecnologias em constante mudança.

No setor privado, a ameaça de novos concorrentes em mercados globalizados está sempre presente. No setor público, a exigência de produtividade e maior desempenho é contínua, conforme os governos tentam gerenciar demandas de despesas que excedem a receita para melhorar a qualidade de vida. A motivação para inovar em todas as organizações é estimulada pela consciência de que, se não conseguirem obter inovação, outras conseguirão: novos participantes que podem ameaçar sua própria existência. É simples: se querem progredir – desenvolver e crescer, tornar-se mais lucrativas, eficientes e sustentáveis –, as organizações precisam implantar novas ideias com sucesso. Precisam ser continuamente inovadoras. De acordo com o economista Joseph Schumpeter, a inovação, em sua forma mais crua, "oferece uma recompensa espetacular ou uma punição de privação".

Uma das características da inovação é que ela pode ser encontrada em qualquer organização. Embora o custo de inovação possa ser bem alto – pode, por exemplo, custar até US$ 800 milhões para desenvolver um novo medicamento –, novas ideias podem ser implantadas com êxito sem se gastar muito. Não são apenas empresas de alta tecnologia, envolvidas na fabricação de semicondutores ou em biotecnologia, que dependem de inovação em seus negócios; são todas as partes da economia. Companhias de seguro e bancos buscam continuamente novas ideias e serviços para os clientes; lojas usam pedidos controlados por computador e gestão de estoque; fazendas usam novos fertilizantes, sementes e tecnologias de irrigação; satélites podem auxiliar na otimização do plantio e da colheita, assim como seus produtos estão tendo novos usos, como biocombustíveis e alimentos funcionais para promoção à saúde. A inovação é encontrada na construção, em novos materiais e em técnicas de construção; na embalagem que mantém o alimento mais fresco e em empresas têxteis que criam novos modelos de modo mais rápido e barato. A inovação é almejada por serviços públicos, na saúde, no transporte e na educação. Embora algumas áreas não sintam necessidade de tanta inovação, como as empresas que investem em fundos de pensão ou que projetam os aviões em que voamos, negócios ou organizações que não obtêm benefícios do uso de novas ideias são, de fato, muito raros.

Desafios

Os desafios da inovação são imensos. Muitas pessoas sentem-se desconfortáveis com a mudança trazida pela inovação. Principalmente quando de longo alcance, a inovação pode ter efeitos negativos sobre funcionários, induzindo incerteza, medo e frustração. As organizações têm contratos sociais pelos quais os membros desenvolvem lealdade, compromisso e confiança. A inovação pode romper esse contrato com a redistribuição de recursos, alterando as relações entre grupos e enfatizando o predomínio de uma parte da organização ao custo da desvantagem para outras. Ela pode distribuir as habilidades técnicas e profissionais que as pessoas adquirem ao longo de muitos anos e com as quais elas têm forte identificação. Seu contexto organizacional significa que é inseparável da aplicação de poder e resistência a ela.

A maior parte das tentativas de inovação fracassa. A história está repleta de tentativas malsucedidas de aplicar novas ideias (geralmente muito boas) de indivíduos e organizações. O desenvolvimento malfadado de um carro elétrico a bateria custo-efetivo, com significativos benefícios ambientais nos Estados Unidos na década de 1990, ilustra o modo como a inovação pode representar séria ameaça aos interesses estabelecidos. Uma coalizão de interesses políticos e comerciais foi feita para evitar que essa nova ideia chegasse ao mercado. Embora o produto tenha sido popular entre os consumidores, ele tinha de concorrer com os interesses da infraestrutura energética estabelecida, empresas de petróleo e redes de distribuição de gasolina, além dos enormes investimentos por parte da indústria automotiva em fabricação e da manutenção de carros com motor a gasolina.

As organizações precisam simultaneamente desenvolver elementos que as possibilitem operar a curto prazo, aproveitando-se de *know-how* e de habilidades e explorar itens novos que desenvolverão a capacidade de sustentar sua existência a longo prazo em um mundo em transformação. Isso exige comportamentos e práticas distintos que são, por vezes, conflitantes. De fato, de tempos em tempos, as organizações são confrontadas com o paradoxo de precisar aplicar novas ideias ameaçadoras às práticas que criaram o seu sucesso atual. Se, por um lado, diz-se que generais lutam a última guerra, em vez da atual, gerentes dependem do modo de fazer as coisas que contribuíram com o progresso passado de suas organizações, e deles próprios, em vez de maneiras com as quais lidarão com maior eficiência no futuro. Desde que Edison estabeleceu a primeira organização dedicada a produzir inovações na virada do século XIX, com frequência foram propostas muitas formas de organizar a criação e o uso de ideias. À medida que o ambiente comercial mudava, o grande e centralizado laboratório corporativo de P&D e a equipe de inovação nitidamente separada (às vezes chamada de "equipe de projeto de ponta") passavam a não ser mais tão usados quanto no passado. A busca por maneiras de equilibrar rotinas com inovação é constante.

As organizações quase nunca inovam sozinhas: elas o fazem em associação com outras, inclusive com fornecedores e clientes. Inovam em determinados contextos regionais e nacionais. O acesso a habilidades de suporte à inovação e pesquisa universitária, por exemplo, geralmente tem dimensão local, conforme visto no caso do Vale do Silício, na Califórnia, e em outros centros internacionais de inovação. Políticas e regulamentações governamentais afetam a inovação, assim como sistemas nacionais financeiros e jurídicos que influenciam questões como disponibilidade de investimento de capital de risco, criação de padrões técnicos e proteção de direitos de propriedade intelectual. Disponibilidade e custo de infraestrutura para comunicação e transporte são de grande importância. Esses fatores somam-se à complexidade e, por conseguinte, à imprevisibilidade da inovação, pois os inovadores nunca são senhores por completo de seus destinos. Eles também ressaltam a natureza essencialmente idiossincrática da inovação: cada inovação ocorre em seu próprio conjunto particular de circunstâncias.

Em todos os principais elementos da economia contemporânea – nas indústrias de serviços, fabricação e recursos, e no setor público –, o progresso organizacional depende de possuir ou acessar e usar o conhecimento e a informação. Ser competitivo e eficiente depende de ser inovador com todos os recursos da organização – pessoal, capital e tecnologia – e com as formas como se conectam com os que contribuem e usam o que fazem.

Pensamento inovador

William Baumol, economista norte-americano, argumenta que basicamente todo o crescimento econômico ocorrido desde o século XVIII atribui-se, em última análise, à inovação. A aplicação exitosa de ideias tem sido reconhecida na indústria como a fonte primária de desenvolvimento desde aquela época.

O século XVIII também assistiu ao início do estudo e reconhecimento da importância das relações entre organização, tecnologia e produtividade, com a publicação de *A riqueza das nações*, de Adam Smith, em 1767. Smith produziu sua hoje famosa análise da importância da divisão de trabalho em uma fábrica de alfinetes, a qual teve enorme influência na organização da fábrica de Wedgwood. Smith demonstrou como a especialização em processos específicos de manufatura na produção de alfinetes aumentava consideravelmente a produtividade da força de trabalho em comparação a quando os próprios indivíduos produziam cada alfinete. Um único homem, mesmo com "o mais extremo empenho", conseguia produzir um ou, no máximo, vinte alfinetes por dia. Com a divisão de trabalho, no entanto, um trabalhador "medíocre", "favorecido pelo maquinário necessário", podia produzir 4.800 "quando se esforçava".

Um século depois, Karl Marx estava bastante ciente do significado da inovação, mas mais preocupado com suas consequências negativas. No primeiro volume de *O Capital*, declarou:

> A indústria moderna nunca considera nem trata como definitiva a forma existente de um processo de produção. Por meio da maquinaria, dos processos químicos e de outros métodos, a indústria moderna transforma continuamente, com a base técnica da produção, as funções dos trabalhadores e as combinações sociais do processo de trabalho.

As possibilidades de mudança tecnológica, argumentou Marx, eram contraditas por sua utilização no capitalismo, o que inevitavelmente levava à supressão dos trabalhadores. O capitalismo, segundo Marx, subordinava os trabalhadores às máquinas, mas ele acreditava que a tecnologia apresentava a possibilidade de liberá-los do fardo do trabalho mecânico e repetitivo e de enriquecer as relações sociais.

A ênfase de Marx nas fortes dimensões sociais ao desenvolvimento e uso tecnológico é um tema recorrente na pesquisa sobre a história da inovação. O estudo do desenvolvimento de máquinas automatizadas nos Estados Unidos, por exemplo, ilustra a frequência com que a tecnologia é moldada por forças sociais dominantes. O controle automatizado, ou numérico, de máquinas, como tornos mecânicos, poderia ter sido configurado de diversas maneiras para dar ao operador da máquina mais ou menos liberdade de ação sobre como utilizá-la. A tecnologia foi construída de tal forma que o controle residia nos escritórios de planejamento de engenharia, e não nos operadores. Isso representava menor eficiência econômica, mas estava de acordo com as expectativas do principal cliente da nova tecnologia, a Força Aérea dos Estados Unidos, refletindo, assim, as estruturas de poder existentes.

Em um nível mais agregado, todas as revoluções passadas em tecnologia – energia a vapor, eletricidade, automóveis, tecnologia da informação e da comunicação – exigiram um enorme ajuste e adaptação da indústria e da sociedade. Os economistas Christopher Freeman e Carlota Perez demonstram como, na história, a difusão de novas tecnologias desde a Revolução Industrial exigiu massivos ajustes estruturais na indústria e na sociedade, assim como na estrutura jurídica e financeira, educação e sistemas de treinamento para novas habilidades e profissões, novos sistemas de gestão e novos padrões técnicos nacionais e internacionais.

A importância do "capital humano" inteligente já é reconhecida há muito tempo. Pela observação do desenvolvimento da indústria alemã em meados do século XIX, o cientista político Friedrich List declarou que a riqueza nacional é criada por capital intelectual: o poder de pessoas com ideias. Em 1890, Alfred Marshall, economista britânico, observou que o conhecimento é o mais potente motor de produção disponível às economias. Marshall, um economista teórico que, de modo singular, mantinha os pés no chão visitando empresas com regularidade, celebrava a importância da inovação e é principalmente lembrado por sua análise dos benefícios da "aglomeração" de firmas progressivas em "distritos industriais".

Se há algum economista que alega ser o primeiro a incluir a inovação de forma central em sua teoria do desenvolvimento, este é Joseph Schumpeter (1883-1950), que continua sendo um dos pensadores mais influentes sobre o assunto. Schumpeter, figura complexa com uma rica história, que foi, inclusive, Ministro da Fazenda na Áustria, diretor de um banco falido e professor de Harvard, argumentava que a inovação libera as "ondas de destruição criativa". Ela chega em uma grande tempestade de tecnologias revolucionárias, como petróleo e aço, que altera e desenvolve a economia de modo fundamental. A inovação é criativa e benéfica, originando novas indústrias, riqueza e empregos, mas, ao mesmo tempo, destruindo algumas empresas estabelecidas, produtos e empregos, bem como os sonhos de empreendedores fracassados.

Para Schumpeter, a inovação é crucial para a sobrevivência competitiva:

> a concorrência por meio de novas mercadorias, novas tecnologias, novas fontes de oferta, novos tipos de organização (...) concorrência que comanda uma vantagem decisiva de custo ou de qualidade e que atinge não a fímbria dos lucros e das produções das firmas existentes, mas sim suas fundações e suas próprias vidas...

As visões de Schumpeter sobre as fontes primárias de inovação alteraram-se durante a sua vida, refletindo as mudanças nas práticas da indústria. Seu modelo inicial "Mark I", publicado em 1912, celebrava a importância de empreendedores individuais, heroicos e sem medo de correr riscos. Por outro lado, seu modelo "Mark II", publicado 30 anos depois, defendia o papel dos esforços formais e organizados de inovação em grandes empresas. Foi durante esse período que o laboratório moderno de pesquisa estabeleceu-se solidamente, a princípio nas indústrias químicas e elétricas na Alemanha e nos Estados Unidos. Em 1921, havia mais de 500 laboratórios de pesquisa industrial nos Estados Unidos.

Cinco modelos

Um dos primeiros e mais influentes estudos da relação entre progresso científico e inovação industrial foi conduzido logo após a Segunda Guerra Mundial por Vannevar Bush, o primeiro assessor presidencial de ciência dos Estados Unidos. Em seu relatório *Ciência: a fronteira infinita*, Bush defendia uma política nacional de pesquisa aberta em escala maciça. O livro foi um sucesso e teve partes publicadas na revista *Fortune*, enquanto Bush foi capa da revista *Time*. A visão de que investimentos em pesquisa representavam a solução para a maioria dos problemas aparentemente insolúveis foi

2. Schumpeter situou a inovação em um lugar central em sua teoria de desenvolvimento econômico.

um legado da associação de Bush com o Projeto Manhattan para desenvolver a bomba atômica, que, para muitos, obteve êxito em encurtar a guerra no Pacífico. Embora fosse uma interpretação simplista do relatório de Bush, a visão de que todas as inovações de produto e processo se baseiam em meticulosa pesquisa básica tornou-se o preceito essencial do modelo de inovação "movido à ciência", uma perspectiva que até hoje permanece popular entre muitas comunidades de pesquisa científica.

Um ponto de vista alternativo, que enfatizava a importância da demanda do mercado como fonte primária de inovação, emergiu nas décadas de 1950 e 1960. Foi consequência de uma série de fatores, inclusive estudos que demonstraram que, em setores como o militar, os ganhos tecnológicos resultavam mais das demandas de seus usuários do que de qualquer configuração predeterminada de forma científica. Ao mesmo tempo, houve um crescimento de grandes escritórios de planejamento corporativo com a crença na ideia extravagante de que uma quantidade suficiente de pesquisa de mercado poderia identificar o que era necessário em termos de nova ciência e tecnologia para atender às demandas dos consumidores. Isso espelhou a ascensão da ciência social na época, com suas alegações de poderes de previsão. Em oposição à entusiasmada adoção pós-guerra da ciência e da tecnologia, movimentos sociais – como a campanha de segurança automobilística de Ralph Nader na década de 1960, desenvolvida em resposta a projetos perigosos de carros – começaram a questionar sua utilização e exigir maior atenção às necessidades do consumidor. Na habitação, pesquisas sobre dados demográficos da geração *baby-boom* conduziram a estratégias do tipo "prever e fornecer" em escala internacional, em que se buscava a inovação para ajudar a satisfazer às demandas crescentes. Essa visão ficou conhecida como modelo de inovação linear reverso (*demand pull*).

Esses dois modelos de inovação têm progressão linear: a pesquisa leva a novos produtos e processos introduzidos no mercado, ou a demanda do mercado por novos produtos e processos leva à pesquisa para desenvolvê-los. No entanto, quantidades crescentes de pesquisas conduzidas na década de 1970 questionaram a pressuposição de linearidade. Estudos pioneiros, como o Projeto SAPPHO, da Universidade de Sussex, no Reino Unido, verificaram diferenças entre setores: a indústria química, por exemplo, inovou de modo distinto da indústria de instrumentos científicos. Além disso, o padrão de inovação mudou ao longo do tempo. Abernathy e Utterback, do Instituto de Tecnologia de Massachusetts (MIT), desenvolveram a teoria do ciclo de vida do produto, com altos níveis de inovação no desenvolvimento de produtos nas fases iniciais, depois reduzindo a escala e substituindo-os por altos níveis de inovação concentrada na aplicação e nos processos de produção. A inovação não era vista como algo unidirecional, e sim como algo mais repetitivo, com ciclos de realimentação.

As questões organizacionais e de habilidades subjacentes a esse modelo "acoplado" de inovação vieram à tona nos anos 1980, impulsionadas basicamente pelo notável sucesso da indústria japonesa. Um estudo sobre a indústria automobilística na época mostrou que as fabricantes japonesas de automóveis eram duas vezes mais eficientes do que seus concorrentes internacionais em todas as medidas de desempenho inovador, como o tempo necessário para projetar e fazer um carro. A explicação para isso era uma abordagem descrita como "produção enxuta", que contrastava com as técnicas de produção em massa usadas em outros países. A produção em massa, tipificada por Henry Ford, baseia-se em linhas de montagem que fabricam produtos padronizados. "Você pode escolher seu Modelo T na cor que quiser, contanto que seja preto" é a célebre frase dita por Henry Ford. A produção enxuta trouxe maior flexibilidade à linha de montagem, possibilitando a fabricação de uma maior gama de produtos. Ela inclui um sistema de relações com os fornecedores de componentes que os permite fazer entregas para montagem "*just in time* [na hora certa]", reduzindo o custo de manter um estoque e aumentando a velocidade de resposta às mudanças do mercado. A produção enxuta também acarretava uma preocupação obsessiva com o controle de qualidade, o qual, em muitas áreas, tornou-se responsabilidade dos funcionários do chão de fábrica.

Na análise das diferenças entre o modo como empresas japonesas e ocidentais se organizavam para inovar, foram usadas metáforas comparando aquelas a um jogo de rúgbi e estas a uma corrida de revezamento. No Ocidente, a inovação envolvia um departamento da organização, digamos P&D, que começava o processo, seguia com ele por um tempo e depois o passava a outro, como a Engenharia, que trabalhava da mesma forma até passá-la adiante para a Produção e, a seguir, para o Marketing. Esse processo linear era considerado um enorme desperdício pelas empresas japonesas, com probabilidade de consideráveis falhas de comunicação à medida que os projetos eram movidos de uma parte da organização à outra. A metáfora do rúgbi é apropriada, pois esse jogo envolve a combinação simultânea de diferentes tipos de jogador, com diversas habilidades e capacidades, alguns fortes e altos, mas geralmente lentos, e outros menores e mais ágeis, todos trabalhando pelo mesmo objetivo. Todas as partes da organização eram combinadas em atividades de inovação.

A colaboração interna e entre companhias inovadoras do Japão foi uma característica de sua história de sucesso na década de 1980. Assim como a extensa colaboração entre consumidores e fornecedores nos mesmos grupos industriais – keiretsu –, o governo japonês também incentivou a colaboração entre empresas concorrentes. O programa Computação de Quinta Geração, por exemplo, foi uma tentativa de incentivar os fabricantes de computadores, altamente competitivos, a cooperarem em torno de pautas compartilhadas de pesquisa. Esse modelo "colaborativo" de estratégias de inovação e de políticas de inovação pública também foi perseguido com entusiasmo na Europa (tecnologia da informação) e nos Estados Unidos (semicondutores).

Por volta da década de 1990, Roy Rothwell, um dos fundadores da pesquisa sobre inovação, começou a identificar uma série de mudanças que ocorriam nas estratégias e nas tecnologias usadas pelas empresas para inovar. Ele argumentou que as companhias estavam desenvolvendo estratégias de inovação altamente integradas com seus parceiros, inclusive com os "principais clientes", usuários exigentes e codesenvolvedores de inovação. Também era importante, segundo afirmava, o uso de novas tecnologias digitais, como projeto e fabricação assistidos por computador, que articulava partes distintas da empresa na criação de inovações e ajudava a associar partes externas aos esforços internos de desenvolvimento. Rothwell chamou-o de modelo de inovação de "integração estratégica e redes". A tendência rumo à maior integração estratégica e tecnológica para dar suporte à inovação é a que continua com a utilização de um enorme poder de computação, da internet e de novas tecnologias de visualização e de realidade virtual.

Tais modelos de processo de inovação têm seus antecedentes em uma economia industrializada, em que a inovação ocorria principalmente na indústria de manufatura. Vivemos agora em economias nas quais dominam os serviços, que representam em torno de 80% do Produto Interno Bruto (PIB) na maioria das nações desenvolvidas. Economias baseadas em objetos físicos e tangíveis, que podem ser medidos e vistos, transformaram-se em economias em que os produtos não têm peso e são invisíveis. Além disso, como mostra a crise financeira global que emergiu em 2008, vivemos em uma época de extraordinária turbulência e incerteza na qual é provável que quaisquer fórmulas e prescrições estabelecidas sejam testadas por circunstâncias emergentes e inesperadas. Os modelos de inovação no futuro serão muito mais orgânicos e evolutivos caso as fontes de inovação não sejam claras, as organizações envolvidas não sejam previamente conhecidas e os resultados sejam altamente limitados por imprevisibilidades. Sob tais circunstâncias, será relevante avaliar se o que sabemos do passado será ou não um guia para o futuro. Também será útil entender como a teoria da inovação pode ajudar.

Teoria

Não existe uma teoria de inovação única ou unificada. Há explicações parciais, por exemplo, de economia, ciência política, sociologia, geografia, estudos organizacionais, psicologia, estratégia de negócios e dos próprios estudos sobre inovação, que obtêm ideias de todas essas disciplinas. Isso é esperado, dadas as várias influências, caminhos e resultados da inovação. A utilidade das diversas teorias dependerá das questões particulares exploradas. Teorias da psicologia podem ser mais úteis quando o sujeito é um inovador individual; estratégia de negócios quando se tratar de inovação organizacional; e economia para avaliar o desempenho nacional da inovação. É importante considerar teorias de inovação para explicar questões contemporâneas, em função de sua significância, mas também esclarecer seu uso futuro para ajudar a lidar com as principais preocupações sociais, econômicas e ambientais.

Nos últimos anos, houve a emergência de uma série de perspectivas que compartilham um denominador comum em suas teorias de inovação. Entre elas, as estruturas de economia evolutiva e de "capacidades dinâmicas" para a estratégia de negócios.

O desafio para qualquer teoria de inovação é que ela precisa explicar um fenômeno empírico que incorpora muitas formas. Deve englobar sua complexidade, seu dinamismo e sua incerteza, geralmente complicados pela forma como a inovação resulta da contribuição de muitas partes com planos por vezes divergentes e não estabelecidos por completo. Nesse sentido, a inovação tem propriedades emergentes: ela resulta de um processo coletivo, cujos resultados podem não ser conhecidos ou esperados no início.

A economia evolutiva – com um legado schumpeteriano – vê o capitalismo como um sistema que produz uma variedade contínua de novas ideias, empresas e tecnologias criadas por empreendedores e pelas atividades inovadoras de grupos de pesquisa. Decisões tomadas por organizações, consumidores e governos fazem uma seleção no âmbito dessa variedade. Algumas seleções são propagadas com êxito e se desenvolvem inteiramente em novas organizações, negócios e tecnologias que oferecem a base e os recursos para investimentos futuros na criação de variedade. Boa parte da variedade e das seleções que ocorrem é interrompida ou não consegue se propagar, então o desenvolvimento evolutivo da economia é tipificado por incerteza e fracasso significativos.

A teoria das capacidades dinâmicas inclui o modo como as empresas buscam, selecionam, configuram, implantam e aprendem sobre inovações. O foco está nas habilidades, nos processos e nas estruturas organizacionais que criam, usam e protegem ativos intangíveis e de difícil reprodução, como o conhecimento. Essa abordagem à estratégia reflete o contínuo dinamismo da tecnologia, dos mercados e das organizações, em que a capacidade de perceber ameaças e concretizar oportunidades – quando a informação é limitada e as circunstâncias são imprevisíveis – é a chave para a vantagem corporativa sustentável.

Essas explicações teóricas da inovação admitem complexidade e circunstâncias emergentes. Elas incorporam as desordenadas realidades organizacionais da inovação, encontradas em economias em que há mudança e adaptação constantes e quando as estratégias das empresas normalmente são experimentais.

Tempo

É preciso uma dimensão de tempo para haver qualquer compreensão da inovação. Seja pela consideração de resultados (o que aconteceu) ou de processos de inovação (como aconteceu), é necessário conhecer o período em que ocorreram. Comparações com o que existia antes da inovação determinam a extensão da novidade.

Se uma inovação está à frente de seu tempo, como no caso do carro elétrico a bateria, não importa quanto esforço foi despendido, ela não ganhará o impulso necessário para sua ampla difusão e seu crescimento sustentado. Se levar tempo demais para ser desenvolvida, uma inovação pode fracassar devido à emergência de uma ideia superior ou mais barata. Às vezes, os mercados e as tecnologias mudam com rapidez, afastando-se velozmente do que, em certo ponto, parecia ser uma boa ideia. Portanto, as organizações inovadoras precisam pensar sobre escalas de tempo de novas ideias. Podem fazer isso considerando sua posição com base em padrões passados de difusão de inovações e usando ferramentas e técnicas para acelerar a inovação por meio de técnicas formais de gerenciamento de projetos que progressivamente decidem sobre os níveis de recursos necessários. Retornos sobre investimento em inovação são planejados ao longo de anos, sendo tomadas decisões de investir se houver um ganho adequado durante um período de tempo aceitável. O risco é gerenciado por tentativas de reduzir o tempo que se leva para desenvolver e introduzir a inovação. A velocidade geralmente, mas não sempre, parece ser um benefício. A compressão do tempo reduz a chance de ser alcançado por concorrentes e de desperdiçar recursos. No entanto, velocidade alta demais leva a erros e à incapacidade de aprender com eles.

Horizontes de curto prazo são apropriados para a inovação incremental, mas perspectivas de longo prazo são necessárias para dar uma visão mais ampla sobre onde, por que e como a inovação radical ocorreu ou fracassou. O entendimento das relações entre descoberta científica, inovação e mudanças na sociedade exige uma profunda interpretação histórica.

Organizações inovadoras – como veremos no caso de Edison no Capítulo 5 – podem melhorar suas chances futuras de sucesso ao criar opções que permitam percorrer potenciais caminhos distintos, adiando decisões que podem ser tomadas em uma data posterior, quando suas consequências talvez sejam mais claras. Ao se organizarem e se equiparem para eventualidades imprevistas, os inovadores podem alterar o curso ou reajustar o cronograma. Como observou Louis Pasteur sobre a descoberta científica por meio da experimentação, "a sorte favorece os espíritos preparados".

Índices de inovação e difusão variam consideravelmente entre diferentes setores de negócios. Na indústria farmacêutica, por exemplo, costuma levar entre doze e quinze anos para que uma nova droga seja lançada no mercado, ao passo que novos serviços digitais são desenvolvidos em meses. As organizações podem fazer escolhas estratégicas sobre tentar conduzir a inovação em seu setor ou seguir as outras. Por vezes, os líderes têm a melhor oportunidade de colher as maiores recompensas de suas ideias. A empresa química DuPont, por exemplo, tem conduzido outras empresas no lançamento de novos produtos ao mercado há mais de um século de modo consistente. No entanto, a "vantagem dos pioneiros" pode ser difícil de se capturar e manter. Ela normalmente acarreta riscos maiores, pois o mercado pode não estar completamente desenvolvido, e pode haver custos mais altos para estimular a demanda.

Há organizações que preferem aprender com as líderes, emulando inovações que parecem funcionar bem e evitando quaisquer armadilhas observadas. Os seguidores rápidos (*fast followers*) podem receber recompensas enormes, como a Microsoft, que reage de forma consistente e rápida às inovações de outros que arcaram com os riscos iniciais. Muitas organizações não têm habilidades ou recursos para serem pioneiros ou seguidores rápidos. Contudo, elas podem beneficiar-se da inovação que aprimora, adapta ou amplia produtos, processos ou serviços. Qualquer que seja a posição inovadora e a estratégia que uma organização deseje perseguir, é provável que sua capacidade de considerar a dimensão do tempo tenha influência significativa no seu desempenho.

Capítulo 3
A Ponte Millenium de Londres:
aprendendo com o erro

A análise de Schumpeter sobre a inovação ser um processo de destruição criativa implica que os resultados da inovação podem ser simultaneamente positivos e negativos. Ela cria e também destrói riqueza e empregos. A inovação afeta a todos nós profundamente, com a criação de novas indústrias, empresas e produtos, como visto na nova indústria estabelecida por Wedgwood. É encontrada em serviços, como companhias aéreas de baixo custo, e em infraestruturas, como em aeroportos. A inovação melhora a produtividade e a qualidade de vida na forma, por exemplo, de novos farmacêuticos, meios de transporte, comunicação, entretenimento e maior variedade e acessibilidade a alimentos. Ela tem ajudado a tirar milhões de pessoas da pobreza, sobretudo nas últimas décadas, na Ásia. Os empregos podem ser mais criativos, interessantes e desafiadores como resultado da inovação. No entanto, a aplicação exitosa de ideias também pode ter profundas consequências adversas. Nações e regiões ficam para trás quando não têm o mesmo nível de inovação de seus concorrentes, o que resulta em maior desigualdade de riquezas. Os trabalhos podem ser desqualificados, pode haver diminuição da satisfação com o emprego e aumento do desemprego, tudo por causa da inovação. A inovação trouxe as consequências ambientais do motor de combustão interna e dos clorofluorcarbonetos, bem como os efeitos nocivos dos complexos instrumentos financeiros por trás da crise financeira global de 2008.

A previsão das consequências adversas da inovação pode ser um desafio semelhante a antecipar seus efeitos positivos: são imprevisíveis e podem se misturar. Pelo lado positivo, o motor de combustão interna democratizou as viagens, os clorofluorcarbonetos nos refrigeradores melhoraram a alimentação, as inovações financeiras nos deram a segurança de melhores seguros de vida e pensões. Contudo, a natureza por vezes ambígua dos resultados da inovação é vista no caso de fracasso. A maior parte das tentativas de inovação fracassa, havendo uma distribuição altamente distorcida de seu retorno, mas o fracasso em si é um resultado importante, e é para ele que se volta nossa atenção.

Fracasso

Inovar é arriscado, uma vez que, por exemplo, os inovadores precisam levar em consideração:

- Risco de demanda – qual será o mercado para um novo produto ou serviço? Haverá novos concorrentes?
- Risco comercial – as finanças disponíveis são adequadas para atender aos custos da inovação? Que efeito a inovação terá sobre a reputação organizacional e sobre as marcas?
- Risco tecnológico – determinada tecnologia funcionará? Será segura? Como ela complementará outras tecnologias? Haverá a emergência de tecnologias concorrentes melhores?
- Risco organizacional – as corretas estruturas organizacionais e de gestão estão sendo usadas? Habilidades e equipes necessárias estão disponíveis?
- Risco de rede – os parceiros de colaboração e a cadeia de suprimentos são adequados? Há lacunas importantes?
- Riscos contextuais – qual é a volatilidade das políticas, regulamentações e impostos governamentais e dos mercados financeiros?

Em tese, o risco pode ser medido e gerenciado por meio de pressuposições ou probabilidades, embora sempre haja perigo em presumir que o passado pode prever o futuro. A incerteza, por outro lado, tem um resultado verdadeiramente desconhecido e não pode ser medida, enquanto sua gestão depende de decisões baseadas em muita experiência e intuição. É por causa de riscos e incerteza que há tanto fracasso na inovação, mas, ao mesmo tempo, eles representam um incentivo. Se não houvesse riscos e incerteza – e, portanto, todos pudessem inovar com facilidade –, a inovação seria apenas uma pequena vantagem sobre a concorrência.

Os fracassos também oferecem oportunidades valiosas de melhorias futuras, conforme visto no caso bastante constrangedor da Ponte Millenium de Londres. Conectando a Tate Gallery à Catedral de Saint Paul, esta foi a primeira ponte para pedestres a ser construída sobre o rio Tâmisa em mais de 100 anos. É um extraordinário feito de engenharia, arquitetura e escultura – um projeto de tamanha beleza que foi descrito como uma "lâmina de luz" sobre o rio. A ponte foi inaugurada em 10 de junho de 2000, quando entre 80 mil e 100 mil pessoas caminharam sobre ela. Contudo, quando grandes grupos de pessoas estavam atravessando-a, percebia-se que a ponte ficava cada vez mais instável, ficando logo conhecida como a "ponte trêmula". A ponte foi fechada após dois dias, causando enorme desconforto a todos os responsáveis.

Depois de um intenso esforço internacional, a causa foi encontrada e retificada. O problema, ao que tudo indicava, era o modo como os homens tendem a caminhar com os pés para fora, como um pato. Quando muitos deles caminham em uníssono, ocorre uma incomum "excitação lateral". Se fosse uma ponte exclusiva para mulheres, não teria havido problema algum. Em consequência desse desastre, desenvolveu-se um novo conhecimento sobre o design da ponte, e projetos futuros permitirão que uma grande quantidade de homens caminhe alegremente sobre ela, como patos sobre rios.

A Ponte Millenium é um exemplo da forma como muitos progressos na ciência, engenharia e inovação são construídos sobre o fracasso. Como disse o químico Humphry Davy: "As minhas descobertas mais importantes me foram sugeridas por meus próprios fracassos". E conforme Henry

Ford argumentou: "O fracasso é a única oportunidade de começar de novo de uma maneira mais inteligente". Evidências empíricas mostram como os retornos sobre novas ideias são altamente distorcidos – existe o que físicos e economistas chamam de "distribuição de lei de potência".

Apenas alguns artigos acadêmicos, patentes, produtos e empresas recém-estabelecidas tornam-se um sucesso. Na maioria dos casos, boa parte dos retornos vem de 10% dos investimentos em inovação. Em algumas áreas, é ainda mais assimétrico. Neste momento, pode haver até oito mil potenciais novos farmacêuticos sendo pesquisados em todo o mundo, mas talvez apenas um ou dois terão êxito.

Existe um forte elemento temporal no fracasso: o que agora é considerado um fracasso pode tornar-se um sucesso, como a Ponte Millenium, e o sucesso pode, ao longo do tempo, tornar-se um fracasso. Após sua criação em 1949, a aeronave de Havilland Comet foi fundamental no desenvolvimento da indústria aérea comercial em nível internacional. A Comet foi considerada uma inovação de produto de altíssimo sucesso até meados da década de 1950, quando a aeronave começou a cair com regularidade alarmante. Os engenheiros aeronáuticos da época sabiam pouco sobre fadiga em metais, que foi a causa dos acidentes, mas o design de aeronaves melhorou em consequência das lições aprendidas com essas falhas.

Os produtos podem ter sucesso tecnológico, porém fracassar no mercado. O Sony Betamax era um videocassete tecnicamente melhor do que o concorrente, o sistema VHS da Matsushita, mas perdeu a batalha para decidir o modelo dominante no mercado. O Concorde foi uma maravilha tecnológica de seu tempo, mas vendeu apenas para os governos britânico e francês, que o fabricavam em conjunto.

Nem sempre é possível julgar o que será valioso no futuro. O Newton da Apple – um antigo assistente digital pessoal – é um notório fracasso de produto. Custava mais do que um computador, e uma memorável resenha técnica declarou que ele era tão grande e pesado que somente poderia ser carregado por cangurus. Seu fracasso custou o

3. A Ponte Millenium: um grande sucesso após um início vacilante.

emprego do diretor-executivo da Apple. Mesmo assim, dez anos mais tarde, seu sistema operacional era encontrado no iPod, e diversos recursos do Newton foram incorporados no iPhone.

O fracasso acarreta um custo pessoal, e os inovadores precisam desenvolver estratégias para lidar com o fracasso que exigem reconhecimento pessoal de seu valor para aprendizagem, reflexão e autoconsciência. Da mesma forma, as organizações precisam apreciar o valor e aprender as lições do fracasso.

Aprendizagem

A inovação manifesta-se em novos produtos, serviços e processos. Não tão essenciais, porém não menos importantes, são as opções oferecidas para o futuro e a aprendizagem organizacional e pessoal que ela incentiva.

As organizações aprendem a fazer melhor as coisas que já fazem, aprendem a fazer coisas novas e aprendem sobre a necessidade de aprender. É inevitável que as organizações aprendam fazendo coisas conhecidas; em geral, quanto mais se faz uma coisa, melhor ela será feita. No entanto, inovações que são radicais e que produzem ruptura – aquelas que envolvem uma verdadeira revolução e rompem com modos antigos de fazer as coisas – apresentam grandes dificuldades para as organizações e para a maneira como aprendem. Na verdade, rotinas estabelecidas e modos de fazer limitam a aprendizagem sobre essas formas de inovação. O foco no *status quo* gera retornos positivos, imediatos e previsíveis; o foco em novidades gera retorno incerto, distante e, com frequência, negativo. Isso tende a substituir o uso de alternativas conhecidas pela exploração de alternativas desconhecidas. A inovação radical envolve tecnologias que desestabilizam capacidades existentes. As inovações que geram ruptura acarretam rompimento com clientes atuais e fluxos seguros de receita. São razões convincentes que explicam por que as organizações tentam evitá-las.

É aqui que entra a liderança, dando o incentivo e os recursos para fazer coisas que as organizações têm dificuldade, mas que são necessárias para a sua viabilidade contínua. A afirmação positiva dos resultados da inovação, por meio de revisões e avaliações pós-projeto, e sua ampla comunicação por meio da organização constroem suporte para novas formas de aprendizagem. Quando lembrados como histórias organizacionais e mitos corporativos, os resultados positivos da inovação ajudam nos esforços de romper com a rotina e com as práticas institucionalizadas e estimulam a aprendizagem em todas as suas formas.

Emprego e trabalho

Há um debate contínuo sobre o impacto da inovação sobre o emprego e seu efeito sobre a quantidade e qualidade dos empregos. A inovação contribuiu com a transferência histórica do emprego da agricultura para a indústria e, mais tarde, para os setores de serviço, mas seu impacto na economia e nas organizações depende de circunstâncias e escolhas específicas.

O próprio debate tem uma longa história. Adam Smith argumentaria que aumentos no tamanho do mercado levam a maiores oportunidades para divisão de trabalho, substituição de pessoas por máquinas e potencial desespecialização. Para Marx, a automação inevitavelmente leva à substituição de trabalho, a reduções salariais e a uma maior opressão dos trabalhadores. Schumpeter diria que, como a inovação cria e destrói empregos, há uma combinação malsucedida entre empregos e habilidades em indústrias e regiões em declínio e em novos setores emergentes de inovação, sendo necessários ajustes dolorosos durante períodos de escassez e desemprego.

Sob certo ponto de vista, a inovação de produtos e serviços produz efeitos positivos sobre empregos e habilidades, enquanto a inovação de processos e operações produz efeitos negativos. Como veremos no Capítulo 5, Edison criou empregos de altíssimo nível de habilidade em sua "fábrica de invenção" e uma grande quantidade de empregos não qualificados em sua fábrica de produção. Os empregos qualificados eram aliados à inovação de produtos, em que o raciocínio tem muito valor, e os empregos não qualificados eram associados à inovação de processos, na qual o maquinário reduzia a necessidade de raciocínio. No entanto, existe valor em se ter trabalhadores qualificados na linha de produção, e as organizações geralmente fazem escolhas sobre como usar as inovações. O modo como o maquinário é projetado e as tarefas configuradas afetam a utilização de habilidades. Em razão dessas escolhas, e como resultado dos ajustes necessários à medida que as indústrias evoluem em resposta à inovação, há importantes incentivos para que indivíduos, empregadores e governos invistam em educação e treinamento.

As organizações precisam entender como a inovação pode trazer gratificação pessoal, além de ser estressante, estimulante e assustadora. Ela pode gerar incentivos e motivação, como também medo de mudança e perda de status. Pode gerar discórdia, com alguns bem-remunerados e satisfeitos com o emprego, e outros com baixos salários e insatisfeitos. Pode ser exclusiva, negando o acesso a emprego a pessoas com um tipo específico de formação ou, em alguns casos, para mulheres.

Retornos econômicos

A produtividade, o índice de saída para entrada, aumenta quando os recursos são usados de modo mais eficiente. Melhorias no uso de trabalho e capital aumentam a produtividade, que também aumenta quando a inovação – e melhorias em tecnologia e organização – contribui com o que é conhecido como produtividade multifatorial (MFP, da sigla em inglês para *multi-factor productivity*). Em última análise, a riqueza econômica depende de maior produtividade, que é geralmente impulsionada pela inovação. O crescimento de MFP nos Estados Unidos na década de 1990, por exemplo, está relacionado à indústria da informação e de comunicações e ao uso de seus produtos em outros setores da economia. O crescimento mais recente de MFP ocorreu nas indústrias de serviços, como atacado e varejo, o que pode ser parcialmente atribuído ao uso das tecnologias digitais.

A lucratividade é motivada por uma série de fatores, como a comparação entre as organizações e suas concorrentes em termos de projeto, a fabricação e entrega de produtos, as preferências dos consumidores por determinadas marcas e sua disposição a pagar preços que deem o retorno exigido aos inovadores. A inovação contribui com os lucros oferecendo vantagens exclusivas na venda de produtos e serviços; em suas características, preços, tempos de entrega, oportunidades de atualização ou manutenção. A propriedade intelectual pode ser vendida e licenciada, assim como novas empresas podem ser criadas para gerar lucro a partir da inovação. A atividade de inovação em larga escala, por meio de investimentos em P&D, fábricas e equipamentos, pode desanimar a concorrência e, com isso, melhorar as oportunidades de lucro.

Para que se beneficiem financeiramente de investimentos em inovação, as organizações precisam apropriar-se dos retornos. Em algumas circunstâncias, a inovação pode ser protegida com a lei de propriedade intelectual para patentes, direitos autorais e marcas registradas. Em outras, a proteção origina-se da dificuldade de replicar habilidades e comportamentos, como a capacidade de permanecer rapidamente à frente da concorrência, conseguindo manter segredo ou retendo funcionários importantes. Em todos os casos, a contribuição das inovações aos lucros é geralmente distorcida, com a maior parte dos retornos vinda de poucas inovações.

Padrões técnicos que permitem a interoperabilidade entre componentes e sistemas conferem vantagem econômica. As organizações proprietárias de padrões, ou cujas ofertas estão em conformidade com eles, têm vantagens sobre as que não têm padrão algum. Batalhas sobre padrões técnicos podem vir a se tornar especialmente acaloradas, como veremos no caso de Edison no Capítulo 5.

Capítulo 4

O novo polímero de Stephanie Kwolek:
do laboratório para o estrelato

Muitas pessoas e organizações contribuem para a inovação. Pesquisas em grande escala sobre empresas inovadoras, como o Inquérito Comunitário à Inovação, da União Europeia, mostram ampla variedade de contribuintes. Tais pesquisas também classificam a importância dessas várias fontes, demonstrando que a mais importante delas se encontra dentro da organização. Inovação deriva basicamente da energia, da imaginação e do conhecimento local de funcionários que identificam e resolvem problemas. Ela é estimulada por indivíduos e locais de trabalho inovadores, além de estruturas e práticas formais das organizações, como departamentos de pesquisa e desenvolvimento (P&D) e ferramentas de gestão para desenvolver novos produtos.

Em segundo lugar em importância como fontes de inovação, de acordo com as pesquisas, estão consumidores e clientes, seguidos de fornecedores de bens e serviços. Apenas uma minoria de empresas menciona a importância de feiras e exposições, conferências e reuniões profissionais, ao lado de revistas acadêmicas e especializadas. As fontes menos importantes, segundo mostram tais pesquisas, são universidades e laboratórios de pesquisa governamental.

Essas classificações ocultam uma situação muito mais complicada. A dependência de inovação de origem internacional, por exemplo, torna as organizações introspectivas e, talvez, despreparadas para lidar com as mudanças que ocorrem externamente em mercados e tecnologias. É provável que a dependência de clientes quanto a ideias inovadoras produza abordagens conservadoras do tipo "não mexa em time que está ganhando". As universidades são colaboradoras de importância crucial para setores baseados em ciência e para produtos e serviços inovadores nos estágios iniciais de gestação, além de serem uma fonte de instrução e treinamento para funcionários potencialmente inovadores.

Conforme nos mostrou Josiah Wedgwood, a inovação geralmente envolve a combinação de ideias derivadas de pontos de partida distintos. O grande cientista Linus Pauling disse que a melhor maneira de ter uma boa ideia é ter várias delas, o que também se aplica à busca de inovação por múltiplos colaboradores. A argumentação de Schumpeter de que inovação exige "novas combinações" entre mercados, tecnologias e conhecimento normalmente implica a integração de ideias oriundas de várias partes da organização, inclusive partes externas. O estímulo de inovar pode não resultar de fontes específicas, com contribuições hierárquicas, mas sim de várias fontes de ideias que estão entrecruzadas e são indistintas em circunstâncias de necessidade intrínseca e na busca impulsiva por sobrevivência em tempos voláteis.

A inovação também é afetada por fatores sociais, culturais, políticos e econômicos. Entre eles estão as contribuições feitas por cidades e regiões, políticas governamentais e "sistemas de inovação" aos quais as organizações pertencem e com os quais elas contribuem.

Busca contínua: o caso da IBM

A contínua, abrangente e desafiadora busca por inovação pode ser vista ao longo da história da IBM Corporation. A IBM é amplamente reconhecida como uma das empresas mais inovadoras do mundo, exercendo uma função crucial na descoberta e no desenvolvimento de supercomputadores, semicondutores e supercondutividade, entre outros. Ela investe substanciais recursos em inovação, gasta bilhões de dólares em P&D por ano, registra mais patentes do que qualquer outra empresa, cria regularmente produtos e serviços icônicos, e seus funcionários já ganharam cinco prêmios Nobel. A IBM tem imensas vantagens em termos de inovação comparada com quase qualquer outra empresa do mundo, embora sua busca por inovação contenha lições para outras organizações.

A IBM foi incorporada em 1924, mas sua história tem raízes na fundação da Tabulating Machine Company, de Herman Hollerith, em 1896. Hollerith (1860-1929) desenvolveu uma máquina que usava eletricidade e cartões perfurados para mecanizar o processamento de dados do Censo dos Estados Unidos. Ele chamou a máquina de "hardware", e os cartões, de "software". Hollerith trabalhou por um tempo no United States Census Bureau e estava inteiramente ciente da necessidade de aumentar a eficiência no processamento dos dados. O censo de 1880 levou sete anos para ser concluído, e havia o receio de que a versão de 1890 fosse demorar ainda mais. A máquina tabuladora de Hollerith atendeu à exigência do Census Bureau quanto à coleta e gestão de dados de forma rápida e eficiente. Utilizando-a, os dados de 1890 foram analisados em seis meses, economizando milhões de dólares, e mais tarde a máquina foi usada em recenseamentos no Canadá e na Europa. Em 1912, Hollerith havia vendido seu negócio e, embora ainda prestasse consultoria como engenheiro, tinha uma relação cada vez mais distante com a empresa. Por muitos anos, ele recusara-se a responder a solicitações e ideias do Census Bureau para implantar melhorias em suas máquinas. Quando acabaram as validades das principais patentes de Hollerith, em meados de 1906, o Bureau desenvolveu um tabulador próprio, que foi usado no censo de 1910. Foi necessária a chegada de Thomas Watson, em 1914, para aprimorar o desempenho técnico das máquinas tabuladoras e melhorar a relação da empresa com seus clientes.

Na função de presidente da IBM, Thomas Watson (1874-1956) foi providencial para o desenvolvimento do uso da eletrônica por parte da empresa. Ele financiou a pesquisa realizada na década de 1930 por Howard Aiken, cientista de Harvard, para desenvolver uma máquina calculadora digital. Em 1945, em colaboração com a Universidade de Columbia, ele abriu o primeiro Laboratório de Computação Científica Watson em Nova York. O laboratório Thomas Watson da IBM ainda hoje é um dos maiores laboratórios de pesquisa industrial do mundo. Durante a Segunda Guerra Mundial, a empresa desenvolveu relações muito próximas com o governo norte-americano, sobretudo em material bélico e planejamento de logística em tempo de guerra. As margens de lucro sobre o trabalho militar foram limitadas para contribuir com o esforço de guerra.

Em seus 42 anos na IBM, Watson transformou a empresa em uma corporação internacional de grande porte. Seu filho, Thomas Watson Jr., o sucedeu na presidência. Do final da década de 1950 até a de 1980, após substanciais investimentos em P&D, a IBM tornou-se líder mundial em mainframes, sobretudo com o System 360, lançado em 1964. O System 360 continua sendo, em termos reais, um dos maiores investimentos privados já feitos em P&D. A empresa, que foi avaliada em US$ 1 bilhão na época, alocou US$ 5 bilhões para desenvolvê-lo. Tom Watson Jr. havia "apostado a empresa" em seu desenvolvimento. Em 1985, a IBM detinha 70% do mercado mundial de mainframes. Ela contava com expertise sem igual em hardware e software, e suas habilidades comerciais a tornaram uma das empresas mais admiradas do mundo.

Em meados da década de 1970, a empresa começou uma busca por computadores menores. O IBM Personal Computer (computador pessoal ou PC), lançado em 1981, junto com o System 360, foi um dos produtos mais icônicos do século passado; basicamente, ele criou o mercado de massa para os PCs. Sua origem estava em um grupo de desenvolvimento da IBM, em Boca Ratón, Flórida, que fracassara em três tentativas anteriores de criar um PC. O crescimento exitoso do PC exigia a rejeição da estratégia passada da IBM de autoconfiança e desenvolvimento de tudo sem auxílio externo. Ela decidiu comprar os componentes principais, como circuitos integrados e software operacional, de pequenos fornecedores. No início, o produto foi um enorme sucesso, abocanhando 40% do mercado.

No entanto, no final da década de 1980 e início da de 1990, a IBM estava em sérios apuros e quase foi à falência.

4. O computador IBM System 360. A IBM "apostou a empresa" em seu desenvolvimento.

O IBM PC ajudara a semear as sementes de seu próprio fim. A IBM não controlava os direitos de propriedade intelectual sobre seus componentes, e os pequenos fornecedores – Intel e Microsoft – cresceram rapidamente até se tornarem maiores e mais poderosos do que a IBM, que forneceu sua tecnologia para a concorrência. Além disso, a cultura global da IBM continuava concentrada em mainframes historicamente lucrativos, ao mesmo tempo em que a concorrência de preços dos fabricantes japoneses levava as margens de lucro a um colapso. Um editorial do *New York Times* de 16 de dezembro de 1992 expressou a opinião de que "a Era IBM chegou ao fim (...) o que já foi uma das empresas de alta tecnologia mais exaltadas do mundo se reduziu ao papel de seguidora, geralmente respondendo de modo lento e ineficaz às principais forças tecnológicas que modelam a indústria". A história da ascensão e queda de Herman Hollerith repercutiu mais uma vez.

Uma resposta à experiência de quase morte da IBM foi a nomeação de um novo presidente, Lou Gerstner, o primeiro nomeado de fora da IBM. A empresa passou por uma enorme reestruturação e por mudanças cruciais na estratégia de negócios. Ela deixou de ser uma fornecedora de tecnologia para se tornar uma fornecedora de soluções para os problemas dos clientes. Seu objetivo era oferecer o melhor atendimento possível, mesmo que isso significasse o uso de tecnologias da concorrência. Ao mesmo tempo, apesar das dificuldades financeiras, ficou decidido que, uma vez que a força da empresa no passado derivava de sua "mentalidade voltada à ciência e à tecnologia", o investimento em pesquisa deveria continuar no futuro. A ideia era encontrar cada vez mais inovações na comunidade tecnológica da empresa e dos centros de P&D. Essas fontes internas basicamente reinventaram o mainframe usando microprocessadores e processamento em paralelo. A IBM também se tornou muito mais aberta a ideias externas, tentando romper com o seu passado de introspecção e síndrome do "não inventado aqui". Ela começou a usar padrões técnicos e softwares abertos, em vez daqueles sobre os quais tinha posse exclusiva, e passou a colaborar mais em seus desenvolvimentos tecnológicos, embarcando anualmente em um grande número de colaborações com outras organizações. Suas novas inovações "voltadas ao mercado" incluíam supercomputação, e-business, redes sociais e tecnologias Web 2.0.

Hoje a empresa faz uso sistemático de sua intranet e das tecnologias de rede social para acessar e compartilhar ideias entre seus funcionários. Com aproximadamente 400 mil empregados, dos quais metade é composta por cientistas e engenheiros, e 75 centros de pesquisa em todo o mundo, a empresa conta com o apoio de impressionantes habilidades tecnológicas. A forma como essas habilidades são usadas para dar suporte ao processo de inovação atual e emergente será discutida no Capítulo 6.

A IBM ilustra uma extensa busca por inovação ao longo de sua história, envolvendo inventores-empreendedores, clientes, fornecedores, universidade, departamento de P&D, relações com o governo, parceiros colaborativos e a ampla comunidade de seus próprios funcionários e contatos. Agora trataremos desses vários colaboradores.

Empreendedores e capitalistas de risco

Em contraste com as atividades de larga escala de empresas como a IBM, a inovação também resulta de empreendedores individuais que a usam para criar novos negócios. O termo "empreendedor" começou a ser usado no início do século XVIII e é aplicado a indivíduos que descobrem, reconhecem ou criam oportunidades e, a seguir, gerenciam recursos e correm riscos para obter vantagem delas. Wedgwood demonstra a substancial contribuição que os empreendedores podem fazer à inovação e ao desenvolvimento econômico.

De Matthew Boulton, no século XVIII, passando por Thomas Edison, no XIX, Bill Gates, no XX, até Sergey Brin e Larry Page, no XXI, empreendedores costumam ser associados à criação de companhias de base tecnológica. Essas companhias crescem com rapidez baseadas em novas tecnologias que criam novas indústrias e transformam as antigas. Alguns empreendedores transformam economias e sociedades inteiras. Boulton e seu parceiro, James Watt, desenvolveram o motor a vapor e a primeira fábrica mecanizada do mundo, ajudando a proclamar a Revolução Industrial. Edison, entre muitas outras contribuições, desenvolveu a tecnologia de geração de energia elétrica e criou a General Electric Company. Softwares criados pela Microsoft, de Gates, popularizaram o computador pessoal; o Google, de Brin e Page, transformou o uso da internet; e as duas empresas mudaram a natureza do trabalho e do lazer.

Esses exemplos são exceções notáveis. Cerca de meio milhão de novas empresas são criadas todos os anos só nos Estados Unidos, e poucas, ou nenhuma, terão o mesmo sucesso da Microsoft e do Google. Ainda assim, a criação de novas empresas, somada aos desafios que elas apresentam a empresas estabelecidas, é um elemento essencial e uma importante contribuição do capitalismo. No modelo Mark I, de Schumpeter, a destruição criativa é motivada pela tarefa empreendedora de "romper com o antigo e criar uma nova tradição".

Schumpeter sobre empreendedores: citações selecionadas

Algumas das muitas motivações e características do empreendedor identificadas por Schumpeter ressoam até hoje.

Motivação:

"O sonho e o desejo de fundar um reino privado, geralmente, mas não necessariamente, uma dinastia".

"O desejo de conquistar: o impulso de lutar, de mostrar-se superior aos outros, de suceder, não em prol dos frutos do sucesso, mas do sucesso em si".

"A alegria de criar, de fazer coisas, ou simplesmente de exercitar a própria energia e engenhosidade".

"Propriedade privada (...) ganho pecuniário (...) [e] outras disposições sociais que não envolvam ganho privado".

Caráter:

O empreendedor...

"busca dificuldades, muda para mudar, deleita-se com riscos";

precisa "de extraordinária energia física e nervosa";

tem "aquele tipo especial de 'visão' (...) concentração no negócio e exclusão de outros interesses, sagacidade fria e obstinada – traços que, de forma alguma, são irreconciliáveis com a paixão";

sabe "solicitar suporte" entre colegas, "lidar com homens (sic) com habilidades consumadas" e "dar amplo crédito aos outros pelas realizações da organização".

O modelo Mark II de Schumpeter reconhecia que o empreendedorismo ocorre em grandes empresas, bem como nas recém-criadas, refletindo as realidades industriais em transformação, conforme atividades de P&D formalmente organizadas e em grande escala cresciam desde a década de 1920. Portanto, empreendedorismo é o processo organizacional pelo qual oportunidades são buscadas, desenvolvidas e exploradas em tipos de empresa muito distintos.

Em algumas circunstâncias, novas empresas empreendedoras recebem investimentos de capitalistas de risco que estão preparados para correr riscos maiores do que agências de rua e bancos de investimento. Muitas das histórias de sucesso de empresas empreendedoras de tecnologia da informação e de biotecnologia nos Estados Unidos, como o Google e a Genentech, receberam capital de risco. Existem diferentes modelos internacionais de capital de risco, mas os Estados Unidos são considerados exemplares. O capital de risco norte-americano pode incluir fundos de investidores ou corporações privados, e seus gerentes podem ter vasta experiência ou conhecimento de determinados setores tecnológicos e participar da gestão de empresas em estágios iniciais. O objetivo de capitalistas de risco normalmente é adquirir ações da empresa nos primeiros anos e, mais tarde, colher retornos extraordinários, quando saem em um ponto em que a empresa já atingiu maturidade suficiente para atrair um comprador ou ser vendida na bolsa de valores. Entre o portfólio de investimentos, os capitalistas de risco reconhecem que a maior parte dos retornos virá de uma quantidade reduzida de casos. Em geral, os capitalistas de risco tendem a investir em empreendimentos mais estabelecidos, em vez de nos mais novos e especulativos, quando as oportunidades de mercado e tecnológica foram identificadas com clareza.

Pesquisa e Desenvolvimento (P&D)

P&D é uma fonte significativa, mas nem sempre crucial, de inovação. Investimentos em P&D ajudam as organizações a procurar e a encontrar novas ideias e a melhorar a capacidade de absorver conhecimento de fontes externas.

A P&D varia de pesquisa básica motivada por curiosidade e pouca preocupação com sua aplicação até a bastante prática resolução de problemas (ver as definições no Manual de Frascati, descrito a seguir). As despesas em P&D refletem compromissos nacionais, setoriais e corporativos de alta variação em seu uso na busca de inovação. Em nível internacional, cerca de US$ 800 bilhões são gastos anualmente em P&D. Em um nível agregado, há uma concentração em algumas poucas indústrias centrais, inclusive tecnologia da informação e farmacêutica. Os Estados Unidos são os que mais gastam em quantias absolutas de P&D. Quando despesas relativas em P&D são avaliadas – geralmente medidas como parte do PIB de uma nação –, países europeus menores, como Finlândia, Suécia e Suíça, lideram a lista, comprometendo mais de 3% do PIB ao ano. Uma tendência acentuada em anos recentes é o rápido crescimento de gastos com P&D em nações asiáticas, como Coreia, Taiwan e China. Mais de 95% das despesas com P&D em nível global são gastos nos Estados Unidos, na Europa e na Ásia (basicamente no nordeste asiático), então muitas nações, sobretudo no Hemisfério Sul, não conseguem competir nessa importante fonte de criação de riqueza e crescimento.

Há uma grande diferença entre os países na decomposição de despesas com P&D em relação ao que é gasto em negócios e no governo. Em alguns países, como Coreia e Japão, predominam as despesas em negócios. Em outros, como Polônia e Portugal, o governo é a principal fonte de gastos com P&D.

O Manual de Frascati

Em 1963, a Organização para a Cooperação e o Desenvolvimento Econômico (OCDE) decidiu que seria proveitoso, para a criação de políticas, dispor de dados estatísticos internacionais consistentes sobre P&D. Após um encontro em Frascati, na Itália, criou-se a metodologia proposta para levantamentos sobre pesquisa e desenvolvimento experimental, que ficou conhecida como o Manual de Frascati. A sexta edição do manual foi publicada em 2004.

A P&D é definida como um trabalho criativo realizado de forma sistemática para aumentar o nível de conhecimento, inclusive conhecimento do homem, da cultura e da sociedade, e o uso desse conhecimento para idealizar novas aplicações.

A P&D engloba três atividades:

• A pesquisa básica é o trabalho experimental ou teórico realizado primeiramente para adquirir novo conhecimento sobre a base subjacente de fenômenos e fatos observáveis, sem qualquer aplicação ou uso específico.

• A pesquisa aplicada também é investigação original para adquirir novo conhecimento. No entanto, está voltada para um objetivo ou propósito prático.

• O desenvolvimento experimental envolve trabalho sistemático, valendo-se do conhecimento obtido de pesquisas e/ou da experiência prática, direcionado para a produção de novos materiais, produtos ou aparelhos, para implementar novos processos, sistemas e serviços ou para aprimorar os já produzidos ou implantados.

O Manual de Frascati é útil na criação de consistentes conjuntos de dados sobre P&D em nível internacional. Ele tem passado por evoluções e melhorias contínuas. Contudo, ainda há problemas significativos na medição de P&D colaborativo e de atividades realizadas em serviços.

A OCDE também desenvolveu o Manual de Oslo para orientar pesquisas nacionais sobre inovação; o Manual de Canberra para medir recursos humanos em ciência e tecnologia; e um Manual de Patentes sobre o uso de estatísticas de patentes.

O novo polímero de Stephanie Kwolek

Stephanie Kwolek, nascida em 1923, salvou milhares de policiais e militares da morte ou da invalidez. Como consequência de um processo tradicional de P&D, ela inventou o Kevlar, uma fibra usada em blindagem corporal. O produto, que é uma das fibras mais fortes já feitas, tem mais de duzentas aplicações, entre elas pastilhas de freio, espaçonaves, material esportivo, cabos de fibra óptica, colchões à prova de fogo, proteção contra tempestade e turbinas eólicas. Ele gera centenas de milhões de dólares anualmente para a companhia química DuPont. No entanto, o Kevlar é mais conhecido pelo uso em coletes à prova de bala. Em 1987, a Associação Internacional de Chefes de Polícia e a DuPont fundaram o Clube Kevlar de Sobreviventes para todos aqueles salvos da morte ou de lesões graves pelo produto. O membro de número 3.000 foi nomeado em 2006. As propriedades de proteção do Kevlar também têm sido bastante usadas entre os militares.

Stephanie Kwolek nasceu em New Kensington, Pensilvânia. Seu pai, um metalúrgico, morreu quando ela era

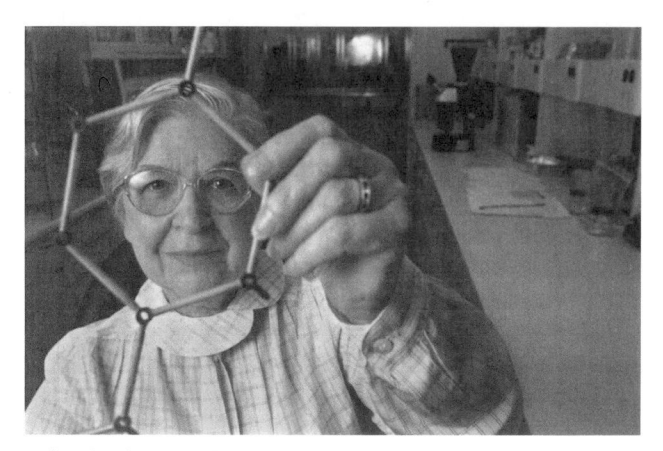

5. Stephanie Kwolek, inventora do Kevlar.

jovem, mas a curiosidade paterna foi herdada: ele era um ávido cientista amador. Ela lembra-se de passar horas desenhando e fazendo roupas para suas bonecas e de ter um grande interesse por moda. Estudou em uma faculdade que se tornou parte da Universidade de Carnegie-Mellon e, sem condições financeiras de cursar medicina, formou-se em química.

Decidiu que queria trabalhar para a DuPont, que era, e continua sendo, uma das companhias mais destacadas e inovadoras do mundo. Na década de 1920, foi uma das primeiras empresas a investir em pesquisa básica com o "objetivo de estabelecer ou descobrir novos fatos científicos". A DuPont desenvolveu a borracha sintética de neoprene em 1933 e o nylon em 1938. Com a escassez de homens formados em química após a Segunda Guerra Mundial, as mulheres foram atraídas pela indústria química. Durante a entrevista de emprego, Kwolek exigiu energeticamente saber quando teria uma resposta, pois já tinha outra proposta. O contrato foi fechado no mesmo dia.

Kwolek começou a trabalhar para a DuPont em 1946. Trabalhou 36 anos no Laboratório de Pesquisa DuPont, em Delaware, depois de trabalhar quatro anos para o mesmo grupo em Buffalo, Nova York. Sua função era desenvolver novos polímeros e maneiras de fazê-los. Logo após sua chegada, recebeu a tarefa de procurar uma fibra revolucionária que deveria ser usada para tornar os pneus mais leves e rígidos. Havia uma preocupação na época de melhorar o desempenho de veículos para enfrentar uma possível escassez de petróleo. Outros haviam recebido a mesma tarefa, mas não estavam interessados. Apesar de ter sua competência reconhecida por colegas homens, Kwolek sentia-se frequentemente menosprezada.

Apesar disso, ela gostava do ambiente de trabalho e dos desafios que surgiam. Sendo uma das poucas mulheres cientistas da época, fez um esforço tremendo para manter o emprego depois que os homens retornaram da guerra. Ela ganhou alto grau de independência e liberdade para fazer o que queria. (Ela reclama que a pesquisa moderna é apressada demais e de curto prazo, sem tempo suficiente para refletir.)

A especialização de Kwolek era em processos de baixa temperatura para a preparação de polímeros de condensação. Em 1964, descobriu que as moléculas de poliamidas aromáticas da cadeia estendida formavam, sob certas condições, uma solução líquida cristalina que podia transformar-se, por centrifugação, em uma fibra forte. Levou o polímero, que era turvo e rarefeito, até uma máquina para ser centrifugado. Ela diz que o polímero apresentava características tão estranhas que alguém sem noção do que se tratava o teria jogado fora. O técnico responsável pela centrífuga estava extremamente cético, acreditando que sua máquina emperraria com aquela substância contaminada, mas acabou persuadido a tentar. Foi centrifugado com sucesso um produto tão forte que Kwolek teve de repetir os testes várias vezes antes de convencer-se de sua descoberta. Ela não contou a ninguém sobre o polímero até ter certeza de suas propriedades. O Kevlar é resistente ao calor, cinco vezes mais forte do que o aço e cerca de 50% mais leve do que a fibra de vidro.

A DuPont convenceu-se imediatamente do valor dos novos polímeros cristalinos de Kwolek, e o Laboratório Pioneiro recebeu a missão de encontrar aplicações comerciais para ele. Kwolek forneceu uma pequena quantidade de fibra para um colega realizar experimentos com blindagem à prova de balas. O Kevlar foi introduzido com esse propósito em 1971. Um dos motivos pelos quais é tão aplicado é sua versatilidade: pode ser convertido em fio ou linha, fio de filamento contínuo, polpa fibrilada e forro de plástico. A nova química que Kwolek desenvolveu ajudou a DuPont a criar uma linha de outras fibras, como o elastano (Lycra) e o Nomex, resistente ao calor.

Kwolek atribui seu sucesso ao modo como ela consegue ver coisas que outros não veem. E ela diz:

> Para inventar, eu conto com conhecimento, intuição, criatividade, experiência, senso comum, perseverança,

flexibilidade e trabalho árduo. Tento visualizar o produto desejado, suas propriedades e os meios de obtê-lo... Algumas invenções resultam de eventos inesperados e da capacidade de reconhecê-los e de aproveitar-se deles.

Kwolek tem 17 patentes, incluindo cinco para o protótipo do Kevlar. Ganhou vários prêmios e tem defendido a enorme necessidade de reconhecimento de cientistas e de outras pessoas que de alguma forma beneficiam a humanidade. Admite sentir grande satisfação quando um policial pede um autógrafo no colete que salvou sua vida.

O caso de Kwolek e do Kevlar simboliza a contribuição corporativa do departamento de P&D à inovação, além de apontar para algumas de suas deficiências. O polímero precisou de 18 anos para ser desenvolvido e levou sete anos para sua comercialização. Hoje, poucas – ou nenhuma – organizações têm a capacidade de adotar tal abordagem de tão longo prazo.

Consumidores e fornecedores

As inovações somente têm êxito se os consumidores ou clientes as usam. Quando os usuários desses novos produtos e serviços estão envolvidos na elaboração do que precisam, costuma haver maior chance de sucesso do que se algo está sendo projetado sem a participação deles. As demandas e as necessidades nunca podem ser articuladas por completo e comunicadas em sua totalidade por meio dos limites organizacionais entre produtores de inovação e seus consumidores e fornecedores. A participação ativa entre eles supera essas barreiras.

Em algumas áreas, como instrumentação médica, o inovador geralmente é o usuário da inovação. Cirurgiões e profissionais da área médica colaboram regularmente com ideias para novas ferramentas e técnicas que os ajudam a exercer melhor seu trabalho. A Cochlear, maior produtora mundial de implantes de aparelhos auditivos, teve início com o professor Graeme Clark, pesquisador médico cujo pai era surdo. Clark tinha alta sensibilidade ao sofrimento de pessoas cuja surdez não podia ser ajudada por aparelhos de audição, obtendo daí a motivação para melhorar suas vidas.

Segundo estimativas, até um quarto de homens com mais de 30 anos sofre de apneia do sono, condição que causa irregularidades respiratórias potencialmente perigosas durante o sono. Aparelhos médicos de respiração podem ajudar a tratar o problema. As origens da maior fabricante mundial de aparelhos respiratórios – ResMed – são do professor Colin Sullivan, um pesquisador médico que trabalha em uma clínica de distúrbios do sono. Ele superou o problema soprando lufadas de ar pela passagem nasal com regularidade. Felizmente para os pacientes e seus parceiros, e como consequência de contínuas melhorias no design, os discretos e silenciosos aparelhos atuais representam grande avanço em comparação à versão original, construída com uma máscara de gás e um aspirador de pó.

Algumas empresas se esforçam ao máximo para incluir os consumidores na elaboração de novos produtos. Quando a Boeing desenvolveu a aeronave 777, seus principais clientes, United, British Airways, Singapore Airlines e Qantas, foram consultados para tentar entender as demandas do mercado. Era preciso saber mais sobre a quantidade mais adequada de passageiros para as rotas preferidas das companhias aéreas. No entanto, a Boeing também trabalhou para compreender as demandas dos funcionários da aeronave: pilotos e tripulação, engenheiros de manutenção e funcionários da limpeza. Ela pretendia ser solidária com atendentes de voo que tivessem de servir café durante uma turbulência e com engenheiros de manutenção que tivessem de consertar um componente externo no Alasca, à meia-noite, com uma temperatura de -40 graus, ou em Jidá, ao meio-dia, sob um calor de 50 graus. Quando a Boeing desenvolveu o 787, foi criado um site para obter opiniões imediatas de partes interessadas em todo o mundo sobre o processo de criação. Cerca de 500.000 pessoas votaram na escolha do nome da aeronave: Dreamliner.

Empresas de software às vezes lançam produtos na forma "beta", ou seja, em protótipos, para permitir aos usuários testar com o software e sugerir melhorias. Basicamente, os clientes realizam grande parte do acabamento do produto. Essa estratégia é adotada para produtos exclusivos, quando a empresa almeja lucrar com eles. Isso é diferente do software livre, como o navegador Mozilla Firefox e o sistema operacional Linux, que são criados, mantidos e continuamente aprimorados por redes de programadores voluntários.

A exclusão dos clientes do processo de melhorias do produto pode ser uma estratégia bastante limitada. Quando a Sony desenvolveu seu cão robô, o Aibo, ela manteve o código do software em segredo. Surgiu então uma comunidade de hackers que desenvolveu uma variedade muito maior de movimentos para o robô, inclusive uma série de danças divertidas que o transformou em um produto muito mais atraente para os clientes. A Sony processou os hackers e desativou a comunidade, mas em seguida reconheceu o erro e percebeu que a empresa poderia aprender com o software criado externamente. A Sony não produz mais o Aibo, porém os produtos subsequentes se beneficiaram da tecnologia desenvolvida para o cão robô em áreas como visualização.

Os clientes também podem inibir a inovação. Eles podem ser conservadores, complacentes e presos a modos de fazer as coisas, evitando a novidade e o risco. Clayton Christensen identificou o "dilema do inovador": o problema de escutar os clientes com atenção demasiada. Se os inovadores apenas respondem às demandas imediatas dos clientes, perdem grandes oportunidades em tecnologia e mercado, o que pode acabar levando suas empresas à falência. No local em que se encontram, há vantagem em trabalhar com "clientes de ponta", governos, empresas ou indivíduos que estão preparados para assumir riscos e promover inovação na crença de que advirão maiores benefícios do que a busca pela opção mais segura de curto prazo de não inovar. Na década de 1980, Roy Rothwell descreveu a relação entre a Boeing e a Rolls Royce como "clientes durões; bons produtos", sugerindo que as condições bastante exigentes para os fornecedores de motores aeronáuticos fizeram a Roll Royce projetar e produzir produtos melhores.

Fornecedores inovadores também são importantes estímulos a novas ideias. Na indústria automotiva, uma alta porcentagem do valor de um carro é comprada de fornecedores de componentes, representando, no caso da Toyota, até 70% do custo total do veículo. A Toyota goza de relações muito próximas com a Nippondenso, uma enorme fornecedora de componentes de produtos inovadores, como sistemas de luz e freio. O fornecedor automotivo Robert Bosch exerce função semelhante na indústria automobilística europeia. Grandes companhias automotivas usam diversos métodos, inclusive sites, conferências técnicas e feiras, para incentivar os fornecedores a gerar soluções inovadoras para os problemas que enfrentam. Automóveis inovadores baseiam-se em fornecedores de componentes inovadores para a indústria automobilística. A tarefa do fabricante de automóveis – ou da organização responsável pela integração de qualquer sistema de elementos distintos – é incentivar a inovação em fornecedores de módulos ou componentes e, ao mesmo tempo, garantir a compatibilidade de componentes com as arquiteturas ou sistemas gerais do projeto.

O incentivo a fornecedores inovadores também é um objetivo central de muitos governos. Nos Estados Unidos, o esquema de Pesquisa de Inovação em Microempresas usa o enorme orçamento governamental para dar apoio às micro e pequenas empresas por meio da compra de produtos e serviços inovadores. Essa medida governamental, por si só, representa um investimento maior em inovação para empresas recém-criadas do que a indústria do capital de risco dos Estados Unidos e ainda o faz em estágios mais iniciais de desenvolvimento.

Colaboradores

É raro que a inovação resulte das atividades de organizações isoladas, ocorrendo mais comumente quando duas ou mais organizações colaboram. Para muitas organizações, os benefícios do uso da colaboração para contribuir à inovação sobrepujam os custos de compartilhar os retornos dessa inovação. As colaborações assumem a forma de *joint ventures* e vários tipos de parcerias, alianças e contratos que envolvem compromissos para atingir metas de comum acordo, podendo ser entre consumidores e fornecedores, entre organizações de segmentos distintos e até entre concorrentes. São uma característica das economias industrializadas do mundo, com algumas colaborações operando há muitas décadas.

As organizações colaboram para reduzir os custos de criar inovação, para ter acesso a conhecimentos e habilidades diferentes dos que já possuem e para usá-la a fim de aprender com os parceiros a desenvolver novas tecnologias, práticas organizacionais e estratégias. Em circunstâncias incertas e mutáveis, a inovação colaborativa oferece oportunidade maior de sucesso do que a empreitada individual. Informações, comunicação e outras tecnologias tornaram a colaboração mais barata e fácil. Governos de todo o mundo vêm promovendo ativamente a colaboração como fonte de inovação. E as organizações tornaram-se menos autoconfiantes e mais abertas à colaboração nas estratégias de inovação.

Diferentes tipos de colaboração funcionam melhor em situações distintas. Se os objetivos da colaboração são claros ou se o foco está na redução imediata de custos, funciona melhor quando as organizações são parecidas. A possibilidade de haver mal-entendidos e falhas na comunicação é menor. Quando os propósitos são emergentes, e o objetivo é a exploração e a aprendizagem, a colaboração se beneficia de organizações desiguais que trabalham juntas. Aprende-se mais com a variedade do que com a uniformidade. Mais parceiros equivale a um aumento na escala de esforço; menos parceiros significa maior velocidade.

Pode ser difícil gerenciar a colaboração. Os parceiros podem ter diferentes prioridades e culturas organizacionais. Há muitas oportunidades de equívocos, como revela a seguinte anedota, talvez apócrifa. Alguns anos atrás, foi proposta uma colaboração entre um grupo de funcionários da IBM e da Apple. Antes da primeira reunião conjunta, a equipe da IBM discutiu a abordagem.

Cientes de sua reputação de formalidade – ternos azuis eram o uniforme do dia –, decidiram deixar o pessoal da Apple – que geralmente vestia roupas casuais – à vontade usando roupas de fim de semana na reunião. Chegaram de jeans e camiseta e encontraram uma desconfortável equipe da Apple trajando ternos azuis novos em folha. Esse caso, que pode ocorrer entre organizações do mesmo segmento e país, ressalta os potenciais problemas que podem surgir em colaborações entre diferentes setores e nações.

Universidades

Clark Kerr, renomado cientista social e reitor da Universidade da Califórnia, foi um visionário na identificação da importância das universidades para o desenvolvimento econômico quando escreveu, em 1963, que:

> ...o produto invisível da universidade, o conhecimento, pode ser o mais poderoso elemento individual de nossa cultura (...) a universidade está sendo convocada a produzir conhecimento como nunca ocorreu antes... E também está sendo convocada a transmitir conhecimento para uma proporção sem precedentes da população.

Ele argumentou que o conhecimento novo é o fator mais importante no crescimento econômico e destacou o papel da universidade no desenvolvimento de novas indústrias e na geração de crescimento regional, enfatizando a contribuição do professor empreendedor, que dá consultoria e trabalha lado a lado com o mercado. Nas décadas que se seguiram, as universidades foram cada vez mais incentivadas, por governos e empresas, a dedicar energia à tradução ativa do conhecimento em atividade econômica, política que com frequência endossam de modo entusiasmado. Essa atividade agora é tão elevada que, segundo alguns, transformou-se em uma função tão importante quanto a pesquisa e a docência. No entanto, os modos como o conhecimento é transferido para a indústria e como as universidades contribuem à inovação normalmente são concebidos de maneira simplista demais, e os caminhos para o mercado costumam ser complexos, multifacetados e sutis. A noção de que as ideias e o conhecimento são algo que as universidades produzem e "transmitem" à indústria também foi substituída por outra, na qual ideias e conhecimento são criados conjuntamente e trocados.

Ensino

Por meio da instrução de estudantes capacitados de graduação, pós-graduação e pós-doutorado, as universidades tentam munir-se com uma força de trabalho preparada para criar e aplicar novas ideias. A história do desenvolvimento exitoso de novas indústrias – como elétrica, química, aeronáutica e de tecnologia da informação – é, em grande parte, explicada pela provisão, por universidades, de um número suficiente de diplomados com as novas habilidades necessárias, sobretudo em engenharia e administração. Diz-se que a melhor forma de troca de conhecimento entre universidade e indústria é realizada em duas vias e pelo movimento de solucionadores de problemas da universidade para a indústria.

Não são apenas profissionais formados em ciência e engenharia que contribuem para a inovação. Sempre há demanda de filósofos e antropólogos no Vale do Silício, e as indústrias criativas fornecem um lar para muitos estudantes de ciências humanas. Escolas de administração cada vez mais oferecem disciplinas de gestão da inovação e empreendedorismo para estudantes de todos os cursos. A literatura sobre administração discute por que se diz que empresas bem-sucedidas exigem uma combinação de pessoas em forma de "I", com profundo conhecimento em uma área específica, com outras em forma de "T", que têm amplitude de conhecimento e determinada especialização. A capacidade de ver conexões "por meio dos T" entre várias disciplinas é um importante estímulo à inovação, mas representa desafios significativos para os educadores (ver o MIT e a educação de engenheiros a seguir).

Cursos técnicos também exercem uma importante função na inovação, como, por exemplo, no treinamento de técnicos para produzir instrumentação que eles próprios comercializam de vez em quando.

O Instituto de Tecnologia de Massachusetts (MIT) e o contínuo desafio de ensinar engenheiros

Engenharia é solução de problemas e, para estimular essa ideia, o MIT mantém a tradição de incentivar a interdisciplinaridade em sua abordagem educativa. No Boletim do MIT de 1954-1955, dizia-se que a meta da Faculdade de Ciências Humanas e Estudos Sociais era desenvolver "valores humanos e sociais da melhor qualidade que devem acompanhar a competência técnica de um indivíduo que pretende dar sua contribuição máxima como cidadão". O currículo objetivava refletir esses valores. Todos os estudantes nos dois primeiros anos dos cursos com duração de quatro anos matriculavam-se em disciplinas obrigatórias que incluíam história, filosofia e literatura. O enfoque era em problemas, e não em soluções, e no desenvolvimento da ideia de que a educação era algo que eles tinham de usar de modo contínuo e desenvolver, em vez de algo intrínseco.

Os desafios contemporâneos de educar engenheiros "rodados" são descritos por Rosalind Williams, ex-reitora do MIT. Ela diz que hoje os engenheiros precisam entender como as coisas são projetadas e lançadas no mercado, assim como as organizações trabalham e as inovações tornam-se exitosas. De fato, ela cita um colega dizendo como o MIT havia desistido de treinar engenheiros profissionais e estava, na verdade, treinando inovadores tecnológicos. A ex-reitora alega que, por um lado, eles precisam entender ciência e, por outro, ciências humanas, artes, ciências sociais e administração. Por consequência, o volume de informação necessário a ser condensado na mente de um estudante dobra a cada dezoito meses. Para dar conta de tamanha quantidade, a tendência, segundo ela, é a separação de engenheiros com diferentes perfis psicológicos e sociológicos em "integradores de sistema" e "projetistas"; aqueles mais dedicados a gerenciar grandes sistemas tecnológicos em formas estabelecidas, estes mais interessados em criar, de maneira empreendedora, novos produtos e serviços.

Ciência e pesquisa

Ciência, do latim *scientia* – conhecimento –, tem sido uma característica do desenvolvimento humano desde as primeiras civilizações. No entanto, a aplicação de ciência em inovação industrial somente começou a sério durante a Revolução Industrial e este tem sido um atributo básico nos últimos 150 anos.

Uma das distinções tradicionais em pesquisa, vistas no Manual de Frascati, é entre a "básica" e a "aplicada". Acredita-se que a primeira seja motivada pela curiosidade, sem considerar sua aplicação nem preocupações específicas de universidades. A última, acredita-se, é direcionada para um uso identificado, geralmente na indústria. Ainda assim, algumas empresas investem pesado em pesquisa básica e as universidades conduzem muitas pesquisas aplicadas, sobretudo em departamentos profissionais, como medicina e engenharia.

Além disso, como argumentou Donald Stokes, a distinção clássica entre pesquisa "pura" ou básica, motivada por um desejo de entender, e pesquisa aplicada, com o propósito de ser usada, não contempla uma terceira categoria que visa a fazer as duas coisas, melhorando sua compreensão e sendo útil. Ele chama isso de "quadrante de Pasteur" da pesquisa básica inspirada pelo uso (ver Figura 6). A pesquisa conduzida por Pasteur sobre microbiologia sempre esteve interessada em aplicações úteis, mas criou um novo campo de compreensão científica. Stokes contrasta isso com a pesquisa de Bohr sobre física, na qual o entendimento da estrutura atômica forneceu a base para desenvolver a teoria da mecânica quântica, e com a pesquisa de Edison, que foi motivada por um interesse em utilização e lucro, embora ele também tenha sido influenciado pela teoria. Há uma conexão direta e explícita entre pesquisa e inovação nos quadrantes de Edison e de Pasteur: a conexão no de Bohr pode ou não ocorrer e, caso se materialize, pode ser em áreas inesperadas ou inimaginadas. Bohr, imagina-se, teria tido pouco apreço

Busca por compreensão essencial?		
Sim	Pesquisa básica pura (Bohr)	Pesquisa básica inspirada pelo uso (Pasteur)
Não		Pesquisa aplicada pura (Edison)
	Não	Sim

Considerações de uso?

6. O Quadrante de Pasteur: a Ciência Básica e a Inovação Tecnológica de Donald Stokes (Unicamp, 2005).

sobre como a teoria quântica é utilizada para explicar o laser e potencialmente explicar a base dos futuros computadores quânticos.

De forma semelhante, na breve carta à revista *Nature* em 25 de abril de 1953, Watson e Crick fizeram uma afirmativa modesta: "Queremos sugerir uma estrutura para o sal do ácido desoxirribonucleico (DNA). Essa estrutura tem características novas com um considerável interesse biológico". Eles não imaginavam o considerável interesse comercial que emergiria mais de vinte anos mais tarde, nem o modo pelo qual essa descoberta transformaria antigas e criaria novas empresas, com o desenvolvimento da biotecnologia.

Na realidade, pesquisa básica e aplicada são elementos de um contínuo, com muitas interconexões. A pesquisa aplicada pode resultar de descobertas da pesquisa básica, e a pesquisa básica pode ser realizada para explicar como uma tecnologia atual funciona. Um dos resultados mais úteis da pesquisa básica pura é a instrumentação desenvolvida para auxiliar na experimentação. O computador, o laser e a World Wide Web foram criados com esse fim, com pouco apreço pelo potencial uso industrial na forma de inovações hoje onipresentes.

Quando consideramos as questões sociais e científicas mais complexas do mundo, inclusive aquecimento global, energia sustentável, segurança de alimentos e engenharia genética, as respostas dependem da compreensão essencial desenvolvida por universidades e de seu uso prático na indústria.

Participação

Dizem que uma vez perguntaram ao Dr. Jonas Salk quem era o proprietário da vacina para a poliomelite que ele desenvolveu. Sua resposta foi: "Ora, as pessoas, eu diria". Essa é uma resposta improvável hoje. Desde a aprovação da Lei Bayh-Dole nos Estados Unidos em 1980, a qual permitiu às instituições de pesquisa ter a propriedade sobre resultados de pesquisa financiada por verbas públicas, as universidades de

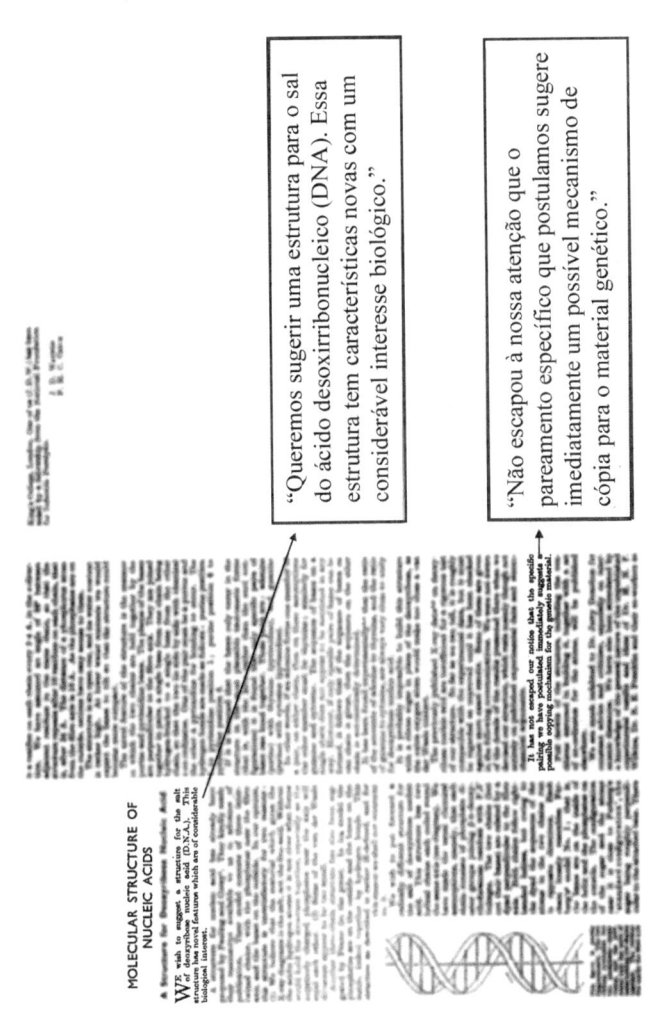

"Queremos sugerir uma estrutura para o sal do ácido desoxirribonucleico (DNA). Essa estrutura tem características novas com um considerável interesse biológico."

"Não escapou à nossa atenção que o pareamento específico que postulamos sugere imediatamente um possível mecanismo de cópia para o material genético."

7. Carta à *Nature* anunciando a descoberta do DNA.

economias desenvolvidas aumentaram o interesse em ganhar dinheiro com pesquisa. Isso geralmente assume a forma de propriedade intelectual protegida por patente, licenciada a empresas ou por meio de novas empresas, originadas da universidade, que também é uma das sócias. No entanto, as evidências sugerem que o número de exemplos exitosos desse modelo de comercialização é limitado. Há algumas histórias de sucesso impressionantes, como a empresa de biotecnologia Genentech. Ela foi fundada em 1976 para ajudar a comercializar a descoberta do DNA recombinante na Universidade de Stanford, sendo vendida a uma empresa farmacêutica em 2009 por pouco menos de US$ 50 bilhões. Essas companhias, porém, são uma minúscula fração do volume total de atividade empreendedora incentivada por universidades.

O enfoque de governos e, de fato, de muitas universidades vem sendo questões como patentes e licenciamento, contrato e pesquisa cooperativa, incubação e centros de empreendedorismo. Essas atividades são importantes para a inovação em indústrias que são baseadas em ciência e tecnologia, mas não para todos os segmentos da indústria. Em geral, tais atividades são menos relevantes para serviços, recursos e indústrias tradicionais, como as de vestuário e têxtil. Além disso, ignoram a importância das atividades sociais e de rede essenciais ao "diálogo" entre universidades e empresas sobre novos desenvolvimentos e suas potenciais aplicações. Embora para muitas empresas, sobretudo as menores, o propósito da colaboração com universidades seja a resolução imediata de problemas, empresas maiores participam de um diálogo mais amplo para aprender sobre as direções da pesquisa futura. As empresas alegam que a atração em trabalhar com universidades é que elas têm culturas distintas. As equipes universitárias têm mais tempo para refletir e testar novas ideias.

Na forma de contribuintes de ideias inventivas e criação e difusão de conhecimento, as universidades e os institutos de pesquisa precisam continuamente comunicar suas capacidades e avaliar o melhor meio de interagir com partes externas. Não se pode esperar que governos e empresas invistam em universidades e em instituições de pesquisa para que sejam prestadoras de inovação sem que elas articulem inteiramente seus papéis gerais de contribuição.

Regiões e cidades

Agrega-se a inovação com a concentração em uma área geográfica específica, como no caso da Staffordshire Potteries. Ela o faz por razões econômicas, uma vez que a proximidade reduz o custo de transações e de transporte, e as empresas que têm uma relação próxima estimulam a criação e a divulgação de inovação por meio de uma maior consciência e conhecimento umas das outras. A inovação aglomera-se por motivos sociais e culturais, inclusive as vantagens derivadas da identidade compartilhada e a maior confiança em grupos afiliados e coesos. A comunicação é auxiliada pela proximidade porque o conhecimento é aderente e não se propaga bem de sua fonte, sobretudo quando é complexo ou tácito e não pode ser escrito.

A região inovadora mais conhecida é o Vale do Silício, próximo a São Francisco, área de concentração de empresas e empregos de alta tecnologia que estimula incontáveis, e normalmente inférteis, tentativas de replicação ao redor do mundo. Uma série de fatores contribuiu para o desenvolvimento e o crescimento do Vale do Silício. O governo teve um papel central, desde o fornecimento da área física para universidades locais, a fim de estimular o desenvolvimento industrial, até o fato de tornar-se um cliente em grande escala de produtos de alta tecnologia nos mercados de defesa. As universidades contribuíram com pesquisa e educação, além de treinamento de cientistas, tecnólogos e empreendedores. Instituições como a Universidade de Stanford criaram, de modo proativo, políticas para incentivar a participação acadêmica em empresas nas áreas de eletrônica e tecnologia da informação. Várias empresas de alta tecnologia foram fundadas, e algumas tiveram crescimento rápido e transformaram-se em grandes corporações, como Hewlett-Packard, Apple e Intel, auxiliadas por um mercado de trabalho altamente capacitado e móvel que atrai funcionários talentosos, vínculos com pesquisa universitária e acesso imediato a serviços profissionais, como capitalistas de risco e advogados de marcas e patentes. Esses fatores contribuem com uma cultura local, ou "agitação", que tem enfoque tecnológico, corre riscos e é altamente competitiva, além de criar um círculo virtuoso de iniciativa e recompensa. Criou-se enorme riqueza e vasta experiência de inovação e empreendedorismo a serem reinvestidas em novas iniciativas.

Normalmente são as cidades, e não as regiões, que oferecem o lócus de inovação. Ao longo da história, as cidades foram, em vários estágios, associadas à criatividade e à inovação, de Atenas, no século V a.C., passando por Florença, no século XIV, até Paris na segunda metade do século XIX.

As cidades são importantes colaboradoras para o suprimento e a demanda de inovação. A maioria das patentes emana das cidades, que também é onde se conduz P&D, e suas rendas disponíveis mais altas garantem maior consumo de inovação. Algumas cidades são famosas por serem centros de aprendizagem, como Oxford e Heidelberg; outras, por serem reconhecidas em termos de engenharia, como Stuttgart e Birmingham; por inovação financeira e de serviços, como Londres e Nova York; por criatividade e design, como Copenhague e Milão. Algumas cidades são conhecidas por seu expertise tecnológico, como Bangalore e Hyderabad, na Índia, ou por seu suporte ao empreendedorismo tecnológico, como a área de Hsinchu, em Taiwan, e a área de Zhongguancun, em Pequim, na China. Os esforços de muitos governos municipais têm sido direcionados a políticas para identificar e aproveitar a inovação que oferece vantagem competitiva sobre outras cidades em nível internacional. Embora muitos tenham ficado cegos pela atração do modelo Vale do Silício, voltado à tecnologia, é importante que se tenha abordagens diferentes, lidando, por exemplo, com saúde, moda ou mídia. Questões de inovação em cidades serão discutidas no Capítulo 6.

Governo

O debate sobre a função do governo no suporte à inovação normalmente reflete a ideologia política. A intervenção estatal na inovação é considerada crucial em muitas nações, inclusive na maioria dos países asiáticos; porém, em economias de mercado "mais livre", como os Estados Unidos, pelo menos retoricamente, ela é vista de modo cético e evitada, geralmente com referência à incapacidade do governo em "escolher vencedores". Apesar disso, as polaridades passadas das perspectivas que argumentam, por um lado, que as políticas intervencionistas de inovação distorcem os mercados e promovem ineficiências ou, por outro, que são componentes fundamentais de planejamento econômico correto e de políticas industriais eficientes, hoje caminham para um meio-termo pragmático. Aqui, admite-se que o governo desempenha um importante papel na inovação, mas as políticas precisam ser seletivas.

Os governos contribuem para a inovação de muitas formas além das políticas de inovação. Uma economia estável e em crescimento melhora a disposição de empresas e de indivíduos para que invistam em inovação e corram riscos. Eficientes políticas monetárias e fiscais são essenciais para garantir confiança no futuro. Uma nação com mais empresas e indivíduos ricos está em uma posição melhor para ser inovadora. Boas políticas educativas desenvolvem empregados e empreendedores com habilidades para criar, avaliar e concretizar oportunidades de inovação. Cidadãos instruídos são mais capazes de contribuir para debates nacionais sobre inovação, além de determinar quais ciências e tecnologias são aceitáveis e que forma novos produtos e serviços devem assumir. Investimentos governamentais em pesquisa – que, em países desenvolvidos, representam em média cerca de um terço dos gastos totais em P&D – oferecem muitas oportunidades para inovação. Esses investimentos podem ter uma perspectiva mais longa do que os feitos no setor privado. Políticas competitivas previnem monopólios que erguem barreiras contra a inovação; políticas comerciais aumentam o tamanho de mercados para produtos e serviços inovadores; leis de propriedade intelectual podem dar incentivos para inovar; regulamentações em áreas como proteção ambiental estimulam a busca por inovação. O acesso livre e aberto a informações armazenadas pelo governo aumenta as oportunidades de inovação. A inovação em um mundo bastante conectado digitalmente é inibida, a menos que o governo atue para garantir privacidade pessoal e para incentivar códigos éticos de prática quando se trata de coleta e uso de dados. Políticas abertas de imigração permitem o fluxo de talentos do exterior e são fonte de diversidade, que é tão importante para o pensamento inovador. Leis de relações industriais podem ajudar a garantir locais de trabalho justos, seguros e participativos que incentivam a inovação.

Os governos podem incentivar a inovação usando o poder de compra: eles são os principais compradores de inovação em qualquer país. Despesas públicas com tecnologia da informação, infraestrutura, farmacêuticos e muitas outras áreas excedem as do setor privado, por isso a aquisição governamental é um importante estímulo à inovação.

A liderança de governo pode definir o tom ou a atmosfera em que a inovação é incentivada. Quando orientado ao futuro e ambicioso – pense no plano de John Kennedy de levar o homem à lua ou no "calor branco" da revolução científica e tecnológica de Harold Wilson –, o discurso político apoia mais a inovação do que quando é relaxado e confortável com o *status quo*. Funcionários públicos têm maior probabilidade de apoiar a inovação quando não têm medo de censura por erros menores ou pelo comportamento de assumir riscos.

Além desses tipos de apoio, muitos governos desenvolvem políticas específicas de inovação. No passado, eles tendiam, sobretudo em termos de despesas, a ter um enfoque em P&D, normalmente na forma de créditos fiscais: gastando em P&D, as empresas conseguem reduzir seus impostos. Tem havido uma abundância de outras políticas elaboradas para incentivar a inovação. Entre elas, medidas de demonstração, que ressaltam os benefícios de inovações específicas; medidas de consultoria, que ajudam as organizações a melhorar a capacidade de inovar; medidas de inovação, que oferecem subsídios ou aumentam o volume de capital de risco disponível para a inovação, criando novas organizações intermediárias que ajudam a criar conexões entre pesquisas e empresas.

Foram propostas muitas justificativas para a política governamental de inovação. Elas incluem, no nível mais prático, o medo da concorrência internacional. A resposta do governo norte-americano à crescente dominação da concorrência japonesa em semicondutores na década de 1980, por exemplo, levou-o a criar um consórcio bem-financiado de fabricantes dos Estados Unidos, a Sematech, destinado a produzir tecnologias competitivas. Muitas medidas pan-europeias na indústria de tecnologias da informação no mesmo período foram elaboradas para reforçar a capacidade, na Europa, de resistir à concorrência dos Estados Unidos e do Japão. Algumas políticas com o objetivo de incentivar inovação são maneiras simples de suporte industrial – ou bem-estar corporativo em uma perspectiva menos benevolente. Medidas em todo o mundo para dar suporte contínuo à convalescente indústria de fabricação de automóveis em distritos eleitorais marginais seriam um bom exemplo.

Grande parte da justificativa para intervenção governamental é apresentada na forma de um argumento sobre o "fracasso de mercado". P&D, argumenta-se, produz conhecimento que pode ser acessado a preços baixos pelos concorrentes daqueles que correm o risco de investir nela. Com isso, o retorno "público" de investimentos excede o retorno "privado" e, portanto, há uma tendência rumo à redução de investimentos. Para dar conta desse fracasso de mercado, o governo justifica o suporte financeiro de P&D para as empresas.

Essa modalidade de suporte, que recebe a maior parte do investimento governamental em política de inovação, tem diversas limitações. Primeiro, ela interessa à P&D, que é apenas um dos insumos à inovação e, em muitas indústrias e circunstâncias, não é o mais importante. O que é interpretado como "P&D" também pode ser limitado e excluir importantes insumos à inovação, como desenvolvimento de software e prototipagem. Segundo, há uma compreensão equivocada dos investimentos necessários para retornos públicos. A capacidade que as empresas têm de acessar a P&D conduzida por outros não existe sem custo; ela requer investimentos para permitir aos destinatários a absorção das novas ideias. Terceiro, se o fracasso de mercado conduz a investimentos abaixo do esperado em P&D, então deve haver um nível padrão, mas há poucas evidências sobre qual seria tal nível. Quarto, os mecanismos de entrega de suporte à P&D são bastante genéricos, comumente assumindo a forma de créditos fiscais para gastos com P&D, em vez de desempenho. Raramente existe provisão para suporte à P&D além do que seria investido sem a verba governamental. Os benefícios fiscais estão amplamente disponíveis na indústria, sem a capacidade de selecionar alvos estratégicos. Além disso, os custos de aplicação e conformidade costumam utilizar muitos recursos, favorecendo candidatos maiores e mais ricos, em vez de suas contrapartes menores, que geralmente são mais merecedoras.

Outro exemplo para a política governamental de inovação pode ser dado a partir da perspectiva do fracasso de sistemas. Apesar de reservas sobre os perigos das maneiras mecânicas e previsíveis como os sistemas nacionais de inovação que discutiremos a seguir são vistos pelo governo, em oposição à realidade mais comumente fluida e imprevisível, é válido concebê-los usando uma perspectiva governamental. O governo é o único ator capaz de assumir uma visão global dos sistemas nacionais de inovação, e o único que consegue influenciar toda a sua construção e função. Ele pode avaliar o desempenho, identificar lacunas e pontos fracos e dar suporte a instituições e políticas que desenvolvem conexões. O desafio para a criação de políticas referentes a sistemas nacionais de inovação é que se dá muita atenção para a descrição dos componentes do sistema, e não para o que o sistema faz ou, talvez até mais importante, para o que deveria fazer.

O critério fundamental para a política de inovação é até que ponto ela incentiva e facilita o fluxo de ideias na economia e nos sistemas nacionais de inovação, além de aumentar a possibilidade de haver combinação e implantação exitosas. Esses fluxos de ideias ocorrem em muitas, e com frequência imprevisíveis, direções: entre as indústrias de manufatura, serviços e recursos; nos setores público e privado; em ciência, pesquisa e empresas; em nível internacional, nas redes de pesquisa ou nas cadeias de fornecimento de produção. Portanto, a política de inovação deve ocupar-se do incentivo ao fluxo de ideias, à capacidade que as organizações têm de recebê-las e usá-las e aos impedimentos para conexões eficientes entre os vários colaboradores para a inovação.

O incentivo ao fluxo de ideias vem do acesso livre a informações e resultados de pesquisas com financiamento público, de instituições que são "corretoras" de conexões entre usuários e prestadoras de conhecimento, de regulamentações que estimulam ou, pelo menos, não impedem investimentos em inovação e de leis criteriosas de propriedade intelectual com o profundo desafio de dar confiança nessa propriedade para incentivar o comércio, sem os desestímulos que ocorrem com a concessão de posições de monopólio. A receptividade à inovação em organizações depende das habilidades, da organização e da qualidade da gestão dos receptores. Iniciativas de políticas diretas, como concessões fiscais para P&D, são valiosas até o ponto em que aumentam a capacidade organizacional de selecionar e usar novas ideias.

Sistemas

O incrível sucesso da indústria japonesa nas décadas de 1970 e 1980 levou à busca de uma explicação. Uma delas é que esse foi o resultado da capacidade que o Japão tem de organizar os vários elementos de sua economia em um sistema nacional de inovação. Segundo esse ponto de vista, o governo japonês exerceu uma função fundamental ao coordenar grandes investimentos nas corporações em áreas importantes e emergentes de tecnologia industrial. Acreditava-se que a força do Japão em eletrônica de consumo, por exemplo, havia resultado da coleta de informações sobre novas tecnologias ao redor do mundo, feita de modo bastante eficiente pelo Ministério de Comércio Internacional e Indústria, e da organização dos esforços feitos por grandes empresas de eletrônicos, como a Toshiba e a Matsushita, para obter vantagem de novas oportunidades. A capacidade do governo japonês de fazer isso foi exagerada, mas teve um papel influente, e os pesquisadores começaram a pensar sobre as contribuições para a inovação feitas por instituições e características nacionais e sobre as maneiras em que se combinavam em um sistema. A busca continuou para tentar entender o papel dos principais participantes e a mais importante de suas interações, bem como para oferecer alguma capacidade de incentivar a inovação em nível nacional.

As primeiras pesquisas sobre sistemas nacionais de inovação tiveram duas formas. Uma, com enfoque nos Estados Unidos, adotou uma perspectiva econômica e legal e concentrou-se nas principais instituições do país, inclusive as de pesquisa, educação, finanças e direito. As características de sistemas nacionais de inovação eficientes eram consideradas pesquisa de alta qualidade, fornecendo novas opções para as empresas; sistemas de educação que produziam diplomados e técnicos qualificados; disponibilidade de capital para investimentos em projetos arriscados e em novas e crescentes empreitadas; forte proteção jurídica da propriedade intelectual. A outra abordagem, cujo foco é escandinavo, ocupava-se mais com a qualidade das relações comerciais em uma sociedade. As características de sistemas nacionais de inovação eficientes eram laços estreitos entre consumidores e fornecedores de inovação, influenciados pela confiança entre pessoas e organizações em uma sociedade e pela aprendizagem que isso gera.

Tais abordagens foram inicialmente desenvolvidas por acadêmicos interessados em analisar e entender os motivos pelos quais a inovação ocorre e por que ela assume determinadas formas. Surgiu a questão, por exemplo, de por que alguns países, como os Estados Unidos, são especialmente fortes em inovação radical – explicada por sua força em pesquisa básica – e por que outros, como o Japão, são muito fortes em inovação incremental – explicada por coordenação eficiente de troca de informações entre consumidores e fornecedores. A ideia de sistemas nacionais de inovação, porém, rapidamente se consolidou nos círculos de política governamental e pública, como forma de prescrever e planejar como as instituições e suas relações poderiam ser configuradas. Organizações internacionais, como a OCDE, publicaram diversos relatórios sobre instituições de vários países, mas eles tendem a ser altamente descritivos e estáticos, não explicando como os sistemas nacionais evoluem ao longo do tempo. No entanto, tais relatórios fazem a observação valiosa de que o que importa não são apenas as instituições que existem em uma nação, mas com que eficiência elas trabalham juntas.

Ao mesmo tempo em que essa pesquisa sobre sistemas nacionais de inovação estava florescendo, alguns começaram a questionar se o país era o nível mais relevante de análise. Suscitou-se a questão de saber por que as nações geralmente inovam com sucesso em alguns setores e regiões, mas não em outros. Os Estados Unidos têm o Vale do Silício na Califórnia, e também o Cinturão da Ferrugem no nordeste, com indústrias de engenharia pesada e metalúrgicas em declínio. Pesquisadores têm argumentado sobre a importância de sistemas regionais, setoriais e tecnológicos de inovação. São examinadas as características de regiões exitosas, como a Rota 128 em torno de Boston e Cambridge, em Massachusetts; Cambridge, no Reino Unido; Grenoble, na França; e Daejon, na Coreia. Examinam-se, também, diferenças de padrões de inovação nas indústrias de ferramentas e têxtil. Além disso, explora-se por que a inovação na biotecnologia ocorre de modo diferente da inovação na nanotecnologia. Considerando o alto investimento em inovação feito por grandes empresas multinacionais que operam entre fronteiras, pesquisadores também discorreram sobre a função dos sistemas globais de inovação.

A noção de sistemas de inovação é uma estrutura útil, mas os sistemas sociais não são sistemas de engenharia pelos quais os componentes e suas interações são conhecidos, planejados e construídos. Ocorrem eventos imprevisíveis, e os sistemas evoluem e mudam de formas inesperadas. A liderança inicial em pesquisa sobre biotecnologia na Universidade de Harvard, por exemplo, foi perdida para a Universidade de Stanford em função da eleição de um prefeito populista em Boston, que se elegeu explorando o medo que as pessoas tinham das consequências desconhecidas da pesquisa genética. O que importa é refletir sobre as maneiras pelas quais todas as instituições que dão suporte à inovação se inter-relacionam e evoluem ao longo do tempo, junto com as práticas e as relações comerciais. Qualquer que seja o nível de análise – global, nacional, regional, setorial, tecnológico –, o que importa é compreender como as instituições se relacionam umas com as outras e evoluem juntas. A interação entre os muitos colaboradores de sistemas de inovação é mostrada nos seguintes exemplos de fatores sociais, culturais, políticos e econômicos que afetam a indústria da habitação no Japão e os institutos de pesquisa na China.

Habitação japonesa

O desenvolvimento industrial do Japão está enraizado em uma longa história de profundas tradições de trabalhos manuais. Estes ainda impregnam a sociedade japonesa, da tradicional cerimônia do chá e do modo como a comida é preparada ao design de peças de cerâmica. O exame da relação entre habilidades manuais e inovação no Japão mostra a influência de fatores sociais e culturais sobre os sistemas de inovação.

Durante séculos, toda habitação japonesa foi produzida por artesãos que usavam madeira local. Isso continuou até o período Meiji (1868-1912), quando as influências arquitetônicas e as técnicas de construção de outros países foram introduzidas no Japão. O projeto de residências japonesas, com seu leiaute simples e portas corrediças, também influenciou arquitetos ocidentais, como Gropius e Corbusier.

A produção de residências era historicamente baseada em milhares de pequenas empresas de carpintaria e construção, cada qual produzindo poucas casas artesanais por ano em construções convencionais de colunas e vigas. A tradição no projeto de residências permanece forte e é uma preferência contínua no Japão pelas elegantes e intricadas juntas de madeira que há muito têm sido um marco da arte dos artesãos. Além de seu apelo estético, essas juntas oferecem rigidez nos terremotos. Apesar disso, a indústria de casas pré-fabricadas mais avançada do mundo emergiu desse passado bastante conservador. A inovação na habitação resultou de mudanças na demanda e de novas fontes de fornecimento e, embora a nova indústria seja altamente automatizada, as habilidades manuais foram mantidas.

A combinação de fatores incitou a inovação na habitação japonesa após a Segunda Guerra Mundial. Havia grande escassez de materiais e mão de obra qualificada. Havia também grande aumento de demanda após uma onda de urbanização em massa na década de 1950. Centenas de milhares de pessoas mudavam-se, todos os anos, de comunidades agrárias para conurbações em rápido crescimento em Tóquio, Nagoya e Osaka, estimuladas por empregos em novas empresas de manufatura e pelas atrações do estilo de vida urbano. A urbanização em massa prosseguiu durante as décadas de 1960 e 1970. Estilos ocidentais de vida tornaram-se mais populares, e alguns consumidores então se prepararam para depositar confiança em produtos manufaturados em grande escala pelas empresas em rápida expansão onde muitos deles trabalhavam.

O impulso para industrializar a habitação veio de empresas de manufatura nos segmentos de materiais e componentes, sobretudo aço, químicos, plásticos e compensados. As empresas voltaram sua atenção para o desenvolvimento de novos mercados, e muitas delas iniciaram a produção industrial de residências para a própria força de trabalho. A Toyota abriu uma divisão de habitação, liderada pelo filho do fundador da companhia. O principal objetivo era criar residências de alta qualidade e com produção em massa para os próprios funcionários, e a primeira linha de produção de residências funcionava ao lado da linha de produção de automóveis. Em 2009, a Toyota contava com seis fábricas exclusivas de residências e recentemente adquiriu 50% de participação acionária na segunda maior empresa de casas pré-fabricadas do país – um negócio que conquistou o Prêmio Good Design no Japão nos últimos dezenove anos consecutivos.

Grandes empresas industriais comercializaram residências para a nova classe média japonesa, baseando-se em tradições de arte, no design e nos benefícios de controle de qualidade e confiabilidade da produção industrializada. Formaram-se centros de P&D para estudar tecnologias para a habitação e para avaliar demandas de estilo de vida e padrões de uso. A falta de espaço em cidades japonesas concentrou a atenção tanto em design e funcionalidade quanto no desenvolvimento de novos materiais e processos de produção. Ainda assim, os modelos continuam a oferecer uma sala de tatame tradicional feita à mão, mesmo nos mais contemporâneos projetos de residência, refletindo os estilos de vida e as preferências de habitação que combinam a conveniência da modernidade com as tradições do trabalho manual.

A necessidade de produzir acomodação em ritmo acelerado para os Jogos Olímpicos de Tóquio, em 1964, ativou a inovação no projeto e na fabricação de banheiros modulares. Isso criou uma indústria em que diversas fábricas produziam, por mês, mais de 10 mil módulos de banheiros de alta qualidade e inteiramente adequados a especificações de consumidores individuais.

A indústria da habitação investe pesado em P&D, abrangendo desde o desenvolvimento de novos materiais, inclusive revestimentos de nanotecnologia para a construção de fachadas, até projetos para várias gerações de ocupantes. Projetos modulares permitem que propriedades únicas sejam reconfiguradas para jovens, com espaço para festas; para jovens pais, com quartos fechados para bebês; para pais com filhos adolescentes, com quartos mais distantes; para pais cujos filhos já saíram de casa, com quartos para hóspedes; e para idosos, com ênfase na facilidade de acesso.

O investimento em P&D passou das tecnologias de processo para melhorias de produto, com enfoque na gestão ambiental e energética. O foco das pesquisas está em casas carbono zero, em segurança e desempenho da habitação, e em residências "inteligentes", com sensores e controles eletrônicos. Companhias como a Toyota investiram no desenvolvimento de células combustíveis e de fontes renováveis de energia para a habitação. Além da casa que fornece eletricidade para o carro da Toyota, os sistemas são projetados de forma que, quando necessário, o carro possa fornecer energia para a residência. Todos os principais produtores conduzem pesquisas sobre redução de desperdícios e reutilização ou reciclagem de componentes. Assim que a fundação é feita, as casas personalizadas podem ser entregues, instaladas e equipadas em poucas semanas.

A nova indústria apresentou desafios para a construção rural de base manual, expondo suas ineficiências, seu alto custo e sua falta de inovação. A demanda de trabalho manual permaneceu alta, apesar de a maioria das pessoas não ter condições de pagar por uma casa construída de forma tradicional. Marceneiros e pequenos construtores não tinham recursos para investir em técnicas modernas de produção, e grandes fabricantes industriais de casas não estavam interessados no fragmentado mercado rural. A indústria de casas de base manual estava morrendo, e os padrões de habitação começaram a cair.

O problema foi resolvido quando a indústria florestal que fornecia madeira para as casas tradicionais construídas de forma artesanal, liderada pela Sumitomo Forestry, tomou a dianteira da inovação. Os esforços foram concentrados na automação dos demorados e dispendiosos processos do corte de juntas tradicionais de madeira. Máquinas para cortar madeira controladas por computador foram criadas e instaladas em cerca de 600 microfábricas na zona rural do Japão. Os marceneiros locais podiam levar seus projetos a essas fábricas e ter suas estruturas de madeira produzidas em uma fração do tempo que levaria para cortar à mão. Isso resultou em melhorias de produtividade e na sobrevivência do que restou da tradicional indústria artesanal ao lado do moderno negócio industrializado.

Os institutos de ciência e tecnologia da China

A industrialização da Ásia em décadas recentes levou ao extraordinário desenvolvimento social e econômico da região. A Coreia, por exemplo, passou do segundo país mais pobre da Terra na década de 1950 a membro da OCDE, o grupo dos trinta países mais ricos do mundo. A industrialização asiática exigiu desenvolvimento rápido em pesquisa, educação, finanças e direito para incentivar as dinâmicas mudanças corporativas e tecnológicas necessárias para a competitividade contemporânea. Países como Coreia, Taiwan e Cingapura estão criando sistemas nacionais de inovação coerentes e tornando-se importantes colaboradores internacionais para a inovação. Há uma variação nos modelos de desenvolvimento. A Coreia, por exemplo, depende muito de conglomerados; Taiwan, de redes de pequenas empresas; Cingapura, de investimento estrangeiro direto feito por grandes multinacionais; e a China vem usando todas essas abordagens de modo pragmático. Portanto, a China é um exemplo especialmente valioso de sistemas de inovação em evolução e do papel que as instituições têm sobre eles. Na Ásia Oriental, o processo de desenvolvimento tem sido fortemente conduzido pelo Estado, particularmente no caso da China, que teve o desenvolvimento industrial mais rápido e notável da história.

Da devastação da Segunda Guerra Mundial, da guerra civil e da revolução cultural, a China emergiu como uma potência global de manufatura, investindo maciçamente em ciência, tecnologia e educação, o que representa um potencial desafio à hegemonia ocidental em inovação. A evolução do sistema nacional de inovação da China – suas características, seus sucessos passados e desafios futuros – pode ser vista nas mudanças que afetam os institutos de pesquisa em ciência e tecnologia. Ela mostra a influência de fatores políticos e econômicos sobre a inovação e os contínuos desafios da mudança.

Esses institutos – que empregam cerca de 1 milhão de pessoas – passaram por mais de vinte anos de importantes reformas organizacionais, expandindo os investimentos nos últimos anos de modo substancial. Os gastos nacionais com P&D têm aumentado em torno de 20% ao ano desde 1999. Desde as reformas econômicas da China, em meados da década de 1980, esses institutos transformaram inteiramente sua prática anterior dos anos 1950, de estilo soviético, de conduzir pesquisas desassociadas da indústria. Na década de 1980, foram incentivados, por altos cortes governamentais no orçamento, a concentrar a atenção no trabalho com empresas. Além disso, nos anos 1990, um processo de reforma de departamentos industriais do governo levou à corporatização de cerca de dois mil institutos de pesquisa industrial.

As reformas obtiveram sucesso, mas os desafios continuam. A conexão crescente entre institutos de pesquisa e empresas levou à criação de algumas das mais bem-sucedidas companhias chinesas, como a Lenovo, que redirecionou o foco da capacidade de pesquisa da China para o mercado. No entanto, os institutos de pesquisa lutam para reter investimentos básicos em ciência, ao mesmo tempo em que conduzem pesquisas atraentes para a indústria. Há queixas de que a comercialização da pesquisa fez os institutos se desviarem de sua principal missão. Ainda há preocupações sobre a eficiência das conexões com a indústria. Apesar de haver uma mudança cultural, à medida que os pesquisadores reconhecem os benefícios da orientação ao mercado, o estabelecimento de novas formas de participação que sejam atraentes para a indústria permanece ilusório.

Em parte, esse é um problema da falta de receptividade de empresas chinesas. Há uma escassez de habilidades de inovação em áreas como avaliação de riscos, investimentos limitados em P&D e em novas empresas empreendedoras. O investimento de capital de risco tende a se concentrar em empresas estabelecidas, enquanto os investimentos de suporte à inovação por bancos geralmente são feitos em grandes empresas estatais, em vez de em empresas empreendedoras recém-criadas. Grande parte do enfoque em inovação está na manufatura, e não nos serviços, e em setores de alta tecnologia.

Há um reconhecimento crescente, por parte do governo, de que a política de inovação envolve mais do que orientar o setor de pesquisa, e tem-se dado atenção à melhoria do desempenho da inovação nas empresas. A orientação estatal das pesquisas tem-se mostrado bem mais fácil do que a coordenação do desempenho da inovação. Pesquisadores de sistemas de inovação, como Shulin Gu e Bengt-Åke Lundvall, também questionam se existe a proporção de capital social e confiança necessária para criar um compromisso firme entre pesquisadores e empresários, de modo que trabalhem juntos e obtenham sucesso na inovação.

A transformação da inovação na China ocorrida na última década resultou de uma forte liderança política. Reconheceu-se nos altos níveis do governo que o padrão de desenvolvimento econômico voltado a exportações e baseado em manufatura por trás do impressionante crescimento econômico desde a década de 1980 não manteria o nível de crescimento necessário para financiar as expectativas sociais da China. O presidente Hu Jintao exigiu um país orientado à inovação, em busca de um caminho de inovação com características chinesas. O discurso político na China refere-se ao "crescimento harmonioso", e a obrigação de desenvolvimento inclusivo é o desafio mais importante em termos de inovação na China. Isso engloba a necessidade de usar a inovação como um meio de reduzir disparidades de renda entre pobres e ricos, além de diferenças econômicas entre as regiões litorâneas e o interior chinês. A evolução do sistema nacional de inovação da China para um modelo que permita a concorrência com o Ocidente está incompleta e em andamento.

Capítulo 5

O gênio organizacional de Thomas Edison

As organizações podem escolher como se estruturar para os desafios em contínua evolução da inovação; também fazem escolhas quanto a estruturas e procedimentos que adotam, funcionários que contratam e incentivos que utilizam. Essas escolhas refletem a sua estratégia e os seus objetivos de inovação.

Edison

Thomas Edison (1847-1931) é lembrado por sua inventividade e por seu grande número de inovações. Registrou mais de 1.000 patentes e, entre outros feitos admiráveis, desenvolveu o fonógrafo, a lâmpada elétrica e a distribuição de energia elétrica, além de ter melhorado a tecnologia do telefone, do telégrafo e dos filmes de cinema. Fundou diversas companhias, inclusive a General Electric. Também foi o precursor de uma maneira altamente estruturada de organizar a inovação, assunto de que trataremos agora.

Assim como Josiah Wedgwood, Edison era o mais jovem de uma grande família de recursos modestos, recebeu pouca instrução formal, começou a trabalhar cedo, aos 12 anos, e foi afligido por uma deficiência (surdez) que afetou sua vida e seu trabalho. Ele era motivado e diligente, compartilhando com Wedgwood um apreço por Thomas Paine, que também influenciou sua visão de mundo democrática. Edison podia ser áspero, irascível e impaciente, mas também era agradável, gentil e generoso.

Edison iniciou sua vida de trabalhador como operador de telégrafo e começou a realizar experimentos no turno da noite, quando não era observado. Sua primeira patente, um registrador elétrico de votos, foi registrada quando ele tinha 22 anos. A notoriedade de suas invenções permitiu que ele passasse de um início humilde para os altos círculos. Demonstrou o fonógrafo para o presidente Hayes na Casa Branca, em 1878, e era amigo íntimo de Henry Ford. Acredita-se que tenha influenciado Ford quanto ao potencial dos motores a gasolina. Seus sócios comerciais incluíam os principais capitalistas da época, como JP Morgan e os Vanderbilt.

A abordagem de Edison aos negócios era implacável e inflexível. Ele exigia dos funcionários melhorias contínuas nas inovações e denegria enfaticamente a oposição. A campanha que fez contra a corrente alternada (CA) e a favor da corrente contínua (CC), sua opção preferida para transmissão elétrica, chegou ao nível repulsivo de uma guerra publicitária sobre os relativos méritos da cadeira elétrica. Edison não mostrou relutância nas demonstrações de eletrocussão de animais com CA para revelar seus perigos. Entre elas estava o infeliz e mal-humorado elefante Topsy, cuja morte, no Lunar Park, em Coney Island, foi filmada por Edison para posterior uso publicitário. O sistema superior, a CA, acabou por se tornar dominante, e a natureza impiedosa da batalha entre esses padrões técnicos concorrentes mostra com clareza o valor de se ter a versão dominante.

Apesar de Edison ter gozado de enormes sucessos comerciais, teve sua cota justa de fracassos. Houve distrações comparativamente caras e improdutivas na mineração e na fabricação de concreto. Ele não reconheceu o interesse público na celebridade de músicos quando, durante anos, recusou-se a nomeá-los nas gravações. Com autoconfiança característica, dizia nunca ter fracassado, e sim ter descoberto dez mil maneiras que não funcionaram.

A posse de propriedade intelectual era essencial para Edison. As patentes que emergiam de pesquisas em seus laboratórios eram atribuídas a ele, não importando a contribuição que tenha dado. Um de seus assistentes de longa data disse: "Edison, na verdade, é um substantivo coletivo e refere-se ao trabalho de muitos homens". Ao proteger as próprias patentes de modo agressivo, ele por vezes desconsiderava a propriedade intelectual dos outros. Junto com seus sócios comerciais, frequentemente usava patentes para bloquear o desenvolvimento de concorrentes.

Festejado e chamado de "mago" pela imprensa, enfrentou críticas hostis dos rivais. Entre os críticos estava Nikola Tesla, que tinha todos os motivos para ser amargo. Tesla estava trabalhando para Edison quando desenvolveu a CA, antes de negociá-la com a Westinghouse Corporation. Ele alegou que não estava sendo pago o que lhe prometeram. Com idade mais avançada, Edison arrependeu-se da forma como o havia tratado. Especula-se que a razão pela qual Edison não tenha dado prosseguimento à CA, apesar das muitas oportunidades que teve, era por não ter sido ele quem a desenvolvera; um caso da síndrome do "não inventado aqui". Após a morte de Edison, Tesla relatou para a posteridade a mais completa desconsideração de seu ex-chefe pelas mais básicas regras de higiene.

O modo como Edison organizava seus esforços inventivos derivava de sua abordagem geral à inovação. Ele sempre seguia diversas linhas de pesquisa, em um desejo de manter abertas as opções até que o candidato mais forte emergisse para, então, concentrar nele recursos e esforços. Ao trabalhar em vários projetos ao mesmo tempo, Edison protegia suas apostas, de modo que futuros fluxos de renda não dependiam de apenas um desenvolvimento. Ele estava bem ciente de como a busca para a resolução de um problema levaria a outros, com frequência totalmente inesperados, e entendia o valor do acaso, da sorte e do "acidente".

Ele explorava de que maneira as ideias de diferentes áreas de pesquisa tinham o potencial de serem combinadas e tinha uma estratégia de reutilizar componentes aprovados de outras máquinas e aplicá-los como elementos constituintes em novos projetos. Edison disse que absorvia prontamente as ideias de qualquer fonte, muitas vezes partindo de onde outros tinham parado. O desenvolvimento e a comercialização da lâmpada elétrica, por exemplo, combinaram ideias obtidas de uma rede de pesquisadores, financiadores, fornecedores e distribuidores. Embora a ideia da lâmpada elétrica tenha existido por décadas, Edison, usando eletricidade de baixa corrente, um filamento carbonizado e um vácuo de alta qualidade, desenvolveu um produto relativamente duradouro. Seus princípios eram experimentar e prototipar o máximo possível em pequena escala e simplificar cada vez mais os projetos. Assim que houvesse uma novidade, reconhecia a necessidade de muita pesquisa e experimentação contínuas para transformá-la em um produto de sucesso. Ele dizia que costumava levar de cinco a sete anos para aperfeiçoar algo, e algumas questões continuavam sem solução após 25 anos. Conforme ele disse: "a genialidade é 1% inspiração e 99% transpiração".

Edison compreendia que a maior parte do valor retornava ao controlador do sistema técnico, e não ao produtor de seus componentes individuais, que era dependente da configuração do sistema. Seu pensamento em relação a sistemas ficou mais evidente no desenvolvimento da indústria de distribuição de eletricidade, que começou suas operações em 1882 em Nova York. Reconhecendo a apreensão das pessoas frente ao desconhecido, Edison foi inteligente ao misturar o novo e o antigo em seu sistema de eletricidade. Usou uma infraestrutura reconhecível para fornecer eletricidade, inclusive cabos subterrâneos à semelhança de tubulações de gás, e instalações de gás nas residências.

Como muitas de suas inovações, a abordagem de Edison na organização de seus laboratórios de pesquisa baseava-se na experiência dos outros. A indústria do telégrafo em que Edison começou sua carreira tinha uma série de pequenas oficinas de pesquisa com vários equipamentos para a realização de experimentos. Edison conduzira experimentos em uma dessas oficinas em Boston e, quando chegou a Nova York em 1869, usou ainda outra antes de instalar o próprio laboratório em Newark, a fim de realizar o projeto de máquinas para transmitir as cotações da bolsa de valores.

A inovação organizacional de Edison estava na variedade e na escala das atividades de pesquisa. Ele investiu mais recursos financeiros e tecnológicos na busca de inovação do que qualquer outra organização o fizera previamente.

Edison estabeleceu o laboratório de Menlo Park em 1876, de modo que podia se dedicar inteiramente ao "negócio da invenção". Levou junto trabalhadores básicos, inclusive um desenhista, um maquinista, um contador, um matemático, um analista, um químico, um soprador de vidro e um escriturário. Localizado a 25 milhas de Manhattan, no que era um pequeno vilarejo em 1880, 75 dos 200 residentes de Menlo Park trabalhavam para Edison. Menlo Park iniciou com um escritório, um laboratório e uma oficina de máquinas. Ao longo dos anos, Edison incluiu uma estufa, um estúdio de fotografia, uma oficina de carpintaria, um galpão para a produção de carbono e uma segunda oficina de máquinas. Também acrescentou uma biblioteca.

Nessa época, apenas algumas das melhores universidades dos Estados Unidos tinham laboratórios, que eram mal-equipados e voltados basicamente para o ensino. Apesar disso, Edison tinha equipamentos científicos refinados, inclusive um galvanômetro refletor de alto custo, um eletrômetro e aparelhos fotométricos. Em alguns anos, seu estoque de ferramentas valia US$ 40 mil (US$ 890 mil em valores de 2008).

O objetivo de Edison era ter todas as ferramentas, máquinas, materiais e habilidades necessários à invenção e à inovação em um só lugar. A combinação das diversas capacidades em Menlo Park foi auxiliada por sua integração social com a comunidade local.

Em seu auge, Edison tinha mais de 200 maquinistas, cientistas, artesãos e funcionários ajudando com as invenções. O trabalho estava organizado em equipes de dez a vinte pessoas, cada qual trabalhando de maneira simultânea para que as ideias fossem transformadas em protótipos de trabalho. Como todos na equipe tinham o mesmo objetivo, a comunicação e o entendimento mútuo eram preciosos. Em seis anos de Menlo Park, Edison registrou 400 patentes. Ele almejava ter uma invenção menor a cada dez dias e algo grande a cada seis meses aproximadamente.

Em 1886, Edison mudou seu laboratório principal para West Orange, em Nova Jersey, para aumentar a escala da capacidade de pesquisa e de manufatura. West Orange era dez vezes maior do que Menlo Park. Josephson, biógrafo de Edison, descreve o motivo por trás da mudança:

> Terei o melhor equipamento e a maior extensão de laboratório, e as instalações serão superiores a qualquer outra para o rápido e barato desenvolvimento e elaboração de uma invenção em formato comercial com padrão de modelos e máquinas especiais... As invenções que levam meses e custam grandes quantias agora podem ser feitas em dois ou três dias com uma despesa bem pequena, pois carregarei uma pilha de quase todos os materiais concebíveis.

A fábrica de Edison fazia as peças necessárias para a pesquisa, e a pesquisa desenvolvia e fazia as máquinas para produção em grande escala na fábrica. Durante os quarenta anos do desenvolvimento do fonógrafo, os cilindros criados por pesquisa foram inicialmente feitos de papel alumínio, depois de um composto de cera, e, finalmente, de plástico. O uso primário final do fonógrafo não era aquele imaginado em sua origem. À medida que essa aprendizagem tecnológica e de mercado ocorria, a capacidade de aumentar rapidamente a escala de produção de novas configurações ajudou Edison a ganhar substancial participação de mercado. As fábricas de Edison em Nova York, em determinado momento, empregavam mais de duas mil pessoas, uma das maiores preocupações industriais da época. Em contraste aos laboratórios no local de trabalho de alto desempenho, essas fábricas de produção em massa operavam com extensa divisão de trabalho, e o trabalho repetitivo e não qualificado levou a muitas disputas industriais.

A escala de atividades em West Orange inevitavelmente acarretou uma maior departamentalização e administração, o que consumiu mais tempo de Edison. Embora tenha sido bastante produtiva, ela nunca se equivaleu à extraordinária produção do período de Menlo Park.

Há uma citação de Edison: "Do pescoço para baixo, um homem vale alguns dólares por dia; do pescoço para cima, vale qualquer coisa que seu cérebro puder produzir". Ele criticava duramente "idiotas" e "tolos", dizendo que "um homem que não opta por cultivar o hábito de pensar perde o maior prazer da vida". Ele contratava diplomados e preferia generalistas, em vez de especialistas, o que, segundo alguns argumentam, limitou o desenvolvimento futuro de sua organização de pesquisa. Seus métodos de recrutamento eram idiossincráticos. Nos anos iniciais, ele indicava uma pilha de lixo para os candidatos e dizia a eles para montar alguma coisa e avisar quando tivessem acabado. O lixo era um dínamo, e os que conseguissem montá-lo passavam no teste para o emprego. Em anos posteriores, compilou longos questionários de conhecimento geral, que potenciais inspetores precisariam responder para serem promovidos.

8. Edison incentivava a brincadeira e o trabalho árduo. Aqui, os trabalhadores participam de uma sessão de "canto".

O estilo de Edison era dar aos funcionários um esboço do que queria e, então, deixar que decidissem as melhores formas de atingir os objetivos. A seguinte frase é atribuída a ele: "Que inferno, não há regras aqui – estamos tentando realizar algo". Um dos empregados de Edison disse: "Nada aqui é privado. Todos têm liberdade para ver tudo o que quiserem, e o chefe nos dirá todo o resto".

Ele "gerenciava caminhando", aconselhando e incentivando as equipes. Edison trabalhava dezoito horas por dia, e o exercício que fazia ao caminhar de uma bancada do laboratório à outra deu a ele "mais benefício e entretenimento (...) do que alguns de meus amigos e concorrentes obtinham em jogos como o golfe". Baldwin, biógrafo de Edison, retrata-o como "compelido" a "perambular democrática e visivelmente para cima e para baixo dos corredores, onipresente, bisbilhotando sem fim, mangas arregaçadas e cinzas do charuto caindo nos ombros de soldadores e cortadores".

Os empregados trabalhavam horas incrivelmente longas. Tesla reclamou que, em suas duas primeiras semanas, conseguiu ter apenas 48 horas de sono. Segundo a lenda, Edison trabalhava cinco dias e noites diretos, porém o mais provável é que fossem três, e sabia-se que a melhor hora de encontrá-lo na fábrica era após a meia-noite. Outro de seus biógrafos, Miller, sugere: "O crime capital no laboratório de Edison era dormir. Isso era fonte de desgraça, a menos que o chefe fosse visto cochilando e, então, todos o acompanhavam". Vários métodos foram usados para dissuadir o sonâmbulo, inclusive o "reavivador de cadáver", um barulho horrível que soava ao lado do ouvido, e o "ressuscitador de mortos", que aparentemente tratava-se de assustar o dorminhoco com uma pequena substância explosiva.

Era perigoso trabalhar para Edison. Seu assistente-chefe, Clarence Dally, perdeu um braço e boa parte da outra mão conduzindo experimentos com fluoroscopia, durante os quais Edison quase perdeu a visão. De acordo com a imprensa local, Edison generosamente disse que, embora

Dally tivesse ficado incapacitado de realizar qualquer trabalho, ele o manteria na folha de pagamento.

De forma reveladora, Josephson lembra-se das reflexões de dois funcionários de Edison. Ao primeiro, um jovem candidato ao emprego, Edison disse: "Todos os que se candidatam a um emprego querem saber duas coisas: quanto se paga e quantas horas se trabalha. Bem, não pagamos nada e trabalhamos o tempo todo". O candidato aceitou o emprego. O segundo, um homem refletindo sobre ter trabalhado para Edison por cinquenta anos, contou sobre o sacrifício das longas horas no trabalho, inclusive sobre não ter visto seus filhos crescerem. Quando perguntado por que fizera isso, ele respondeu: "Porque Edison tornava seu trabalho interessante. Ele me fazia sentir que estava fazendo algo para ele. Eu não era só um trabalhador".

Apesar dessas práticas, que hoje parecem draconianas, Edison incentivava uma força de trabalho criativa e produtiva. Funcionários importantes recebiam bônus dos lucros com as invenções, embora esse incentivo não tenha sido estendido a Nikola Tesla. Ele socializava com os empregados com lanches, charutos, piadas, histórias, dança e canto. Organizou um popular almoço à meia-noite. Havia na fábrica uma locomotiva elétrica de brinquedo e um urso de estimação. Segundo Andrew Hargadon, acadêmico especializado em gestão:

> Os engenheiros trabalhavam durante dias consecutivos em busca de uma solução, depois interrompiam o trabalho com intervalos na madrugada para comer, fumar e cantar canções de baixo calão no órgão gigante que havia em uma das extremidades do laboratório.

Um dos assistentes de Edison, citado por Millard, disse que havia "uma pequena comunidade de espíritos afins, todos adultos jovens, entusiasmados com o trabalho, esperançosos de grandes resultados", para os quais trabalho e diversão eram indistinguíveis.

Tesla reclamou da concentração de Edison em instinto e intuição, em vez de em teoria e cálculo, e as práticas no laboratório pareciam, por vezes, casuais. Na busca pelo melhor material para o filamento da lâmpada elétrica, ele experimentou materiais improváveis, como crina de cavalo, rolha e a barba de funcionários. Quando foi criada a inovação da lâmpada incandescente de filamento de carbono, a equipe de Edison não percebeu a extensão dessa descoberta por diversos meses após o evento.

Contudo, havia foco e disciplina. Edison alegou nunca ter aperfeiçoado uma invenção na qual não pensasse em termos de serviço prestado, dizendo que descobria o que o mundo precisava e, então, dedicava-se a inventá-lo. Os projetos deviam ter uma aplicação comercial prática. Famoso por suas "adivinhações", Edison insistia que os assistentes de laboratório mantivessem registros detalhados em mais de mil cadernos, embora isso também fosse útil no registro de patentes e nas disputas legais. A experimentação era extensa. Seis mil espécies de plantas, principalmente bambus, foram usadas para filamentos carbonizados. Cinquenta mil experimentos individuais foram conduzidos para desenvolver a bateria de níquel e ferro de Edison. Um dos assistentes de Edison, trabalhando de perto com seu patrão, registrou quinze mil experimentos para determinado problema.

West Orange tinha uma ampla biblioteca de aproximadamente dez mil volumes, e Edison lia regularmente sobre biologia, astronomia, mecânica, metafísica, música, física e economia política. Apesar de criticado pelo menosprezo à educação formal, empregou dois matemáticos eminentes, um dos quais acabou sendo professor de Harvard e do MIT. Um de seus principais químicos era conhecido como "Basic Lawson", por sua adesão aos princípios científicos básicos. Edison conheceu e admirava Pasteur, assim como o físico e médico alemão Helmholtz. De modo um tanto incongruente, George Bernard Shaw trabalhou para Edison por um tempo em Londres.

Artefatos e desenhos eram fontes importantes de criatividade e de comunicação. Edison disse certa vez: "Pode-se encontrar inspiração em uma pilha de lixo. Às vezes, com boa imaginação, é possível agrupá-la e inventar algo". Em 1887, seu laboratório era célebre por ter 8 mil tipos de produtos químicos, todo tipo de parafuso, corda, fio e agulha, animais, de camelos a gatos selvagens, penas de pavão e ostras, cascos, chifres, conchas e dentes de tubarão. Edison achava mais fácil pensar em imagens do que em palavras. Quando contratado pela Western Union Telegraph Company em 1877, para melhorar o telefone inventado por Alexander Graham Bell, produziu mais de 500 esboços que levaram ao projeto aprimorado.

Assim como em relação aos esforços internos, Edison cultivava assiduamente suas redes de negócios e de pesquisa. Foi corretor de tecnologia, transferindo pesquisas entre indústrias. Além dos próprios experimentos, conduziu pesquisa contratada para o telégrafo, a luz elétrica, a via férrea e a indústria da mineração. Segundo Hargadon:

> Edison, em silêncio, confundia os limites entre os experimentos feitos para outros e os que conduzia para si próprio. Quem poderia saber se o resultado de uma pesquisa contratada era aplicado a outro projeto ou se o equipamento experimental construído para um cliente seria usado em prol de outro?

Sua capacidade de sempre inovar, de acordo com Hargadon, estava na forma como sabia explorar a paisagem conectada da época.

A abordagem de Edison era a de tentativa e erro, trabalho árduo e persistência, sendo metódico, rigoroso e resoluto, usando mentes preparadas e monitoramento cuidadoso. Ele acreditava que a inovação não surgia de genialidade individual, mas sim da colaboração, e essa capacidade de trabalhar junto e entre fronteiras resultava do suporte garantido pela cultura, pelo ambiente e pelas relações sociais e industriais.

9. O presidente Hoover pediu que as luzes elétricas fossem desligadas por "um minuto de escuridão" em memória dos feitos de Thomas Edison.

Edison trabalhou no vértice da transição entre a era do grande inventor individual e a da organização corporativa sistemática da inovação.

Ele criou um tipo de organização para a emergente sociedade moderna tecnológica que foi rapidamente emulado por grandes corporações, como a Bell e a General Electric. Em um artigo do *New York Times*, publicado em 24 de junho de 1928, estimou-se que as invenções de Edison haviam construído indústrias com um valor estimado de US$ 15 bilhões (US$ 188 bilhões em valores de 2008). Sua fama era universal. O presidente Hoover chamava Edison de "benfeitor de toda a humanidade" e, ao saber de sua morte, pediu às pessoas que desligassem as luzes por "um minuto de escuridão" em sua homenagem. Seu obituário no *New York Times*, em 18 de outubro de 1931, começava da seguinte forma: "Thomas Alva Edison tornou o mundo um lugar melhor para se viver e trouxe um tanto de luxo para a vida dos trabalhadores". Um inovador não pode fazer contribuição maior do que essa.

Locais de trabalho

Conforme Edison mostrou com bastante clareza, é mais provável que a inovação ocorra em organizações progressivas, que aceitam riscos e toleram a diversidade e o fracasso. Um local de trabalho alegre e divertido, onde conversas e risadas são comuns, tem maior probabilidade de ser inovador do que um muito formal, burocratizado e impessoal. Onde a expressão de opiniões é bem-vinda, novas ideias são geradas com regularidade e implantadas com mais rapidez. A oposição tem voz quando existe a oportunidade de ser produtiva, em vez de na subversão subsequente de decisões.

A Ideo é uma companhia com um local de trabalho altamente inovador que emula algumas das lições de Edison. Trata-se de uma bem-sucedida prestadora de serviços de design e inovação, que emprega mais de 550 pessoas em escritórios em todo o mundo. Construiu a reputação de ajudar outras empresas a inovar em produtos e serviços, aplicando técnicas criativas aprendidas em estúdio de design e em ambientes de escolas de design. A companhia combina "fator humano" e design estético com conhecimento sobre engenharia de produto para criar produtos para companhias como Apple, Nike e Prada. Seus designs incluem o mouse de computador, o Palm Pilot e uma série de câmeras e escovas de dentes. Eles criaram a baleia que estrelou o filme *Free Willy*. A Ideo vem contribuindo com o design de mais de 3 mil produtos e trabalha em 68 produtos ao mesmo tempo. Essa empresa foi descrita pela revista *Fast Company* como a "empresa de design mais celebrada do mundo"; pelo *Wall Street Journal* como "o playground da imaginação"; e a *Fortune* descreveu sua visita à Ideo como "um dia na Innovation U".

Para conseguir dar conta de tantos projetos, ela recruta um grande número de talentos, além de gozar de uma associação especial com o Instituto de Design da Universidade Stanford. São contratados profissionais de psicologia, antropologia, biomecânica e engenharia de design. Os líderes da Ideo têm um perfil estimadíssimo na comunidade internacional de design. Eles alegam ter uma cultura inovadora – "baixa em hierarquia, grande em comunicação e exige um mínimo de ego" – que utiliza:

> uma metodologia colaborativa que examina, ao mesmo tempo, a necessidade do usuário, a viabilidade técnica e comercial, e emprega uma variedade de técnicas para visualizar, avaliar e refinar oportunidades de design e desenvolvimento, como observação, processo criativo, prototipagem rápida e implantação.

A Ideo vende suas metodologias de design para outras companhias na forma de cursos e materiais de treinamento. Ela tem um grande repositório – uma "caixa de brinquedos" – de aparelhos e designs com vários produtos usados pelos funcionários para brincar enquanto buscam soluções para novos problemas. Há uma habilidade especial em brincar com ideias criativas desenvolvidas para um segmento ou projeto para explorar sua aplicação inovadora em outros. A brincadeira nesse ambiente permite tanto uma inspiração cruzada quanto a conexão e combinação feliz e inesperada de ideias não relacionadas.

Estruturas

Edison foi pioneiro em um tipo de organização, mas as empresas têm muitas escolhas sobre como estruturar oportunidades de inovação. Algumas escolhem ser bastante formais e burocratizadas, enquanto outras preferem ser informais e irrestritas. Algumas tentam fazer as duas coisas, incentivando setores da organização a se comportar de modo diferente de outros.

Em um dos primeiros estudos sobre inovação em organizações, Burns e Stalker, em 1961, fizeram uma distinção entre formas mecanicistas e orgânicas de organizar. Os autores argumentaram que a primeira é apropriada a condições estáveis e previsíveis, ao passo que a segunda é melhor para condições em transformação e situações imprevisíveis. O princípio básico geral ainda se aplica: o modo como as coisas são organizadas deve ser apropriado às circunstâncias específicas e aos objetivos da inovação. Quando tecnologias e mercados estão evoluindo com rapidez e seu futuro é incerto, a necessidade – como no caso de Menlo Park – é incentivar o experimento e a criatividade sem limitá-los com burocracia. Quando algumas das incertezas diminuem, uma abordagem mais planejada é necessária ao desenvolvimento de projetos, com orçamentos bastante prescritos e operações aceleradas para entregar a inovação. Além disso, a forma de organização usada costuma mudar ao longo do tempo, conforme surgem diferentes questões sobre inovação. À medida que o processo de desenvolvimento progride, as estruturas de suporte organizacional deixam de ser "frouxas" e tornam-se "firmes".

Pesquisa e Desenvolvimento

A P&D pode ser estruturada de maneiras diversas. Muitas empresas líderes no passado baseavam-se exclusivamente em grandes laboratórios corporativos para conduzir pesquisa: seu próprio Menlo Park em grande escala. O arquétipo dessa modalidade de P&D "centralizada" era a Bell Labs, que empregava 25 mil funcionários em seu auge e registrou 30 mil patentes. Recebeu seis Prêmios Nobel de Física e, entre outros, inventou o transistor, a comutação digital, os satélites de comunicação, o telefone celular a rádio, os filmes com som e a gravação em estéreo. Uma de suas descobertas em ciência básica levou ao desenvolvimento da radioastronomia. Fundada em 1925, com sede em Nova Jersey, foi o grupo de pesquisa para a AT&T antes de sua aquisição pela Alcatel-Lucent. Célebre por sua força em pesquisa básica no passado, moveu-se de modo progressivo, como muitos laboratórios corporativos, rumo à pesquisa mais aplicada.

A crítica dessa forma de organização de uma perspectiva comercial é que a pesquisa tende a ser demasiadamente distanciada das necessidades dos consumidores e tem uma orientação de prazo muito longo. Além disso, em vez de ter um laboratório central, outras empresas "descentralizam" suas estruturas de organização de P&D, com laboratórios localizados próximo a determinadas empresas ou consumidores.

O problema com esse tipo de estrutura é que a pesquisa tende a se concentrar em questões de curto prazo ou perde oportunidades de inovações mais radicais ou que rompam com o passado. Para tentar obter os benefícios das duas modalidades, algumas empresas combinam um laboratório central com diversos laboratórios descentralizados de P&D, mas essa é uma opção apenas para algumas das mais ricas.

Outras organizações prescindem totalmente de estruturas organizacionais formais de P&D. Intel, a companhia de semicondutores, apesar de ter um orçamento de um bilhão de dólares para P&D, nunca teve estrutura interna para tanto. Ela baseia-se em redes de universidades e na comunidade tecnológica do Vale do Silício para fornecer insumos para a pesquisa. O desafio dessa forma "em rede" de organização de P&D é que, para serem receptivas ao conhecimento de pesquisas externas, as organizações precisam ter capacidade interna para absorvê-las. Precisam ter habilidades para entender e utilizar conhecimento de fontes externas que, com frequência, exigem profundo expertise próprio para atrair parceiros de pesquisa de alta qualidade.

O desafio organizacional em P&D é encontrar o equilíbrio entre pesquisa de prazo mais longo, que oferece novas opções e ideias para tecnologias potencialmente inovadoras, e pesquisa que lida com problemas de curto prazo ou imediatos. As empresas parecem não estar satisfeitas com nenhuma estrutura de P&D que tenham. Com estruturas centralizadas, sentem que as necessidades dos clientes estão tendo sua importância relegada, enquanto estruturas descentralizadas podem perder inovações com potencial de serem valiosas. Quando as duas formas são usadas, existem tensões contínuas sobre níveis relativos de financiamento e de propriedade de projetos. Os problemas de P&D em rede estão na gestão e na combinação de insumos de várias partes, assim como nas disputas por propriedade de direitos intelectuais.

Uma estratégia que as empresas aplicam para melhorar os retornos da P&D interna e acessar colaboradores externos para inovação tem sido descrita, recentemente, por Henry Chesbrough como "inovação aberta". Procter and Gamble, a companhia de produtos domésticos, é um exemplo de inovador aberto. Trata-se de uma companhia baseada em ciência com forte compromisso interno com a pesquisa. Sua estratégia é "conectar e desenvolver" e, em vez de ser 90% dependente de investimentos próprios em pesquisa, como no passado, agora o objetivo é terceirizar metade das inovações. O modo como combina a própria pesquisa interna com conexões externas é indicação de uma estratégia que tenta beneficiar-se de maneiras complementares de organizar a inovação na mesma companhia.

O rápido crescimento da capacidade de pesquisa na China e na Índia nos últimos anos tem o potencial de alterar a maneira como muitas multinacionais organizam sua P&D. As empresas criam laboratórios no exterior para adaptar seus produtos e serviços aos mercados locais, obter vantagem de conhecimento local específico em pesquisa e criar redes internacionais de colaboração de pesquisa. Muitas empresas dos Estados Unidos e da Europa estabeleceram organizações substanciais de P&D na Índia e na China, sobretudo em tecnologia da informação e da comunicação. No entanto, a estratégia que essas empresas usam pode mudar ao longo do tempo. A Ericsson, companhia sueca de telecomunicações, por exemplo, começou a investir em P&D na China na década de 1980, porque isso ajudou a ganhar contratos governamentais e era evidência de boa vontade e compromisso. Gastos com P&D foram reforçados no início da década de 1990 para aproveitar a equipe de pesquisa de baixo custo e ajudar a adaptar os produtos da Ericsson ao mercado local, que crescia com rapidez. Reconhecendo a qualidade e o potencial dos pesquisadores chineses, tanto na companhia quanto em universidades locais, no final da década de 1990 a Ericsson começou a localizar P&D para seus mercados mundiais na China. No início dos anos 2000, alguns de seus grupos de P&D ao redor do mundo foram fechados e se mudaram para a China, e os grupos chineses de pesquisa da Ericsson tornaram-se componentes centrais dos esforços globais de P&D da companhia.

Novos desenvolvimentos

A P&D é uma das formas pelas quais as organizações criam opções para o futuro. O modo como organizam o desenvolvimento de novos produtos e serviços é essencial para o sucesso que terão ao concretizar as opções futuras de que dispõem. Enquanto P&D geralmente é a fonte organizacional para cientistas e especialistas técnicos, o desenvolvimento de novos produtos e serviços costuma englobar colaboradores de outras áreas, inclusive de design, marketing e operações. Esses especialistas ajudam a lidar com questões sobre por que e como as coisas são compradas e se, e a qual custo, elas podem ser feitas e entregues.

Há muitas ferramentas e técnicas – como sistemas de "*stage-gate*", que operam uma série de pontos de decisão no processo de desenvolvimento – disponíveis para ajudar a planejar novos produtos e serviços. Elas servem para ajudar a decidir entre projetos concorrentes e para garantir que sejam usados os recursos adequados aos que progridem. No entanto, tais ferramentas têm limitações: podem ser bastante úteis na gestão do processo de desenvolvimento de produtos, mas não dizem, afinal, se os produtos são realmente certos. Elas também podem tornar-se repletas de procedimentos e matar a iniciativa.

Para superar a rigidez da burocracia, algumas organizações sancionam a "pirataria", ou seja, permitem que os funcionários passem um tempo trabalhando em seus próprios projetos. Ao dar tempo às pessoas – que pode ser de um a dois dias por semana – fora dos compromissos formais de trabalho, companhias bastante inovadoras, como a Google e a 3M, incentivam não só a motivação pessoal de inovar, mas também o surgimento e o desenvolvimento de novas ideias.

Outro método usado para contornar as restrições organizacionais à inovação é o chamado "projeto de desenvolvimento avançado (*skunkworks*)". Usado inicialmente pela Lockheed Corporation para desenvolver aeronaves com rapidez e sigilo durante a Guerra Fria, o termo é usado para descrever um pequeno grupo coeso que trabalha em um projeto especial com considerável liberdade de ação operacional dentro de uma organização maior.

Operações e produção

As próprias maneiras pelas quais novos produtos e serviços são feitos e entregues têm sido o enfoque de um número considerável de inovações. A produção, por exemplo, é automatizada, enquanto as operações – os processos para transformar insumos em produtos – passaram por importantes inovações na forma como o trabalho é organizado. A inovação na produção e nas operações ajudou a criar mercados de massa para produtos e serviços com preços acessíveis e de alta qualidade, como automóveis, bens de consumo e eletrônicos, supermercados e cadeias de hotéis.

Um dos princípios-chave na organização de operações e de produção é a análise de Adam Smith acerca da divisão de trabalho. Foi após ler Smith que Josiah Wedgwood viu como a combinação de especialistas em tarefas específicas com a nova tecnologia de energia a vapor melhoraria a produtividade em sua fábrica. Smith argumentava que a divisão de trabalho é limitada pela extensão do mercado. Quando os mercados crescem o bastante, os benefícios são obtidos pela subdivisão de trabalho e pelo emprego de especialistas dedicados a tarefas específicas, em vez de por funcionários com diversas habilidades que custam mais caro. Ele também observou que a especialização é uma função da divisão de trabalho; então, quanto mais trabalho puder ser subdividido em elementos distintos, maior o potencial de empregar especialistas.

Smith explicou os benefícios econômicos derivados da eficiência da divisão de trabalho. Concentrando-se em um número menor de tarefas, o funcionário pode melhorar sua destreza e realizar mais tarefas com mais precisão e rapidez. Poupa-se tempo, visto que não há necessidade de trocar de uma tarefa para outra. Quando as tarefas são visíveis e distintas, é mais fácil projetar o maquinário para automatizá-lo ou aprimorá-lo a fim de aumentar a produtividade.

Henry Ford usou os princípios da especialização e da automação para desenvolver sua linha de montagem de produção de automóveis para o mercado de massa emergente do início do século XX. O objetivo de Ford era gerenciar mais firmemente os processos de produção do que as modalidades manuais anteriores de produção permitiam. Sua solução era o desenvolvimento de uma linha de produção em massa com grandes volumes de produtos padronizados feitos de partes intercambiáveis. Ford aprendeu sobre o valor de partes intercambiáveis com a manufatura de armas da Colt Armory e com a produção em massa de cervejarias, fábricas de conserva e frigoríficos. Ele combinou, refinou e simplificou essas abordagens para acelerar a produção e padronizar a qualidade na linha de montagem.

Seu sistema permitia a subdivisão e a especialização do trabalho, empregando trabalhadores capacitados e semicapacitados em maquinário de alto custo dedicado à fabricação de peças específicas. Gestão e design eram responsabilidade de profissionais com habilidades limitadas. O controle do trabalho de artesãos foi substituído pela gestão, e o ritmo do trabalho era ditado pela necessidade de maximizar o uso dos equipamentos. Como as máquinas eram muito caras, as empresas não tinham condições de permitir que a linha de montagem parasse. Estoques de suprimentos adicionais de materiais e trabalho eram adicionados ao sistema para garantir fluidez na produção. Designs padrão eram mantidos na produção pelo maior tempo possível, porque a mudança de maquinário era dispendiosa, resultando em benefícios para o consumidor em razão dos preços baixos, mas à custa de variedade e escolha.

O amigo de Ford, Thomas Edison, já havia sofrido com o problema que o trabalho repetitivo e não qualificado causou com as disputas industriais enfrentadas por ele. A General Motors mostrou a Ford as limitações de sua abordagem de marketing e os benefícios de produzir diversos veículos. A abordagem de Alfred Sloan, na General Motors, pretendia produzir "um carro para cada bolso e finalidade". Contudo, a verdadeira inovação, que permitia eficiência na produção, ampla escolha para os clientes e melhor uso das qualificações, veio do Japão.

Após a Segunda Guerra Mundial, a Toyota reconheceu que, para concretizar sua ambição de se tornar uma fabricante internacional de carros, precisava utilizar a eficiência de técnicas norte-americanas de produção em massa e a qualidade das práticas manuais de trabalho japonesas. Naquela época, os mercados locais de automóveis no Japão eram pequenos e exigiam grande número de veículos, as técnicas de produção eram primitivas em comparação às dos Estados Unidos e o capital de investimento era escasso. Trabalhadores sindicalizados de fábricas japonesas insistiam em reter suas habilidades e não estavam dispostos a serem tratados como custos variáveis, como as peças intercambiáveis nas fábricas de Ford e de Edison. A Toyota entendeu os perigos de tarefas repetitivas e entediantes, as quais resultavam em fadiga ou lesão dos funcionários, com retornos reduzidos à eficiência.

Em 1950, o presidente da Toyota, Eiji Toyoda, passou três meses na fábrica de Henry Ford localizada em Rouge, nos Estados Unidos. Ele ficou impressionado com a produtividade total da fábrica, que em um ano teve uma produção 2,5 vezes maior do que o número de carros feitos pela Toyota nos últimos 13 anos. No entanto, apesar de a produção total ser impressionante, Toyoda achou que o sistema causava desperdícios em termos de esforços, materiais e tempo. A Toyota não podia arriscar produzir carros com profissionais de qualificação tão limitada e com trabalhadores não qualificados lidando com máquinas caras e de propósito exclusivo, com estoques de materiais adicionais e áreas de retrabalho. Os objetivos de Toyoda eram simplificar o sistema de produção da Toyota por meio da combinação de algumas vantagens do trabalho manual qualificado com as de produção em massa, mas evitando os altos custos do trabalho manual e a rigidez dos sistemas de fábrica. O resultado foi o sistema de produção enxuta da Toyota, que emprega equipes de trabalhadores com várias habilidades em todos os níveis da organização, além de contar com máquinas flexíveis e automatizadas para produzir grandes volumes de produtos variados. Em vez de ter estoques, desperdiçando recursos, o sistema da Toyota entrega componentes *just-in-time* para serem utilizados.

As equipes de trabalhadores da empresa têm tempo de sugerir melhorias aos processos de produção em "círculos de qualidade": a Toyota tem diversos círculos de qualidade que concluem milhares de pequenos projetos de melhoria a cada ano. Os círculos de qualidade estão ligados a esforços de melhoria contínua (*kaizen*), em colaboração com engenheiros industriais. A ênfase na resolução de problemas é uma parte importante do trabalho de todos, enquanto o treinamento no trabalho, a educação coletiva e o autodesenvolvimento são incentivados. A produção enxuta melhorou todo o sistema de projetar e fabricar carros, tornando-a uma fabricante de automóveis que servia de modelo para todas as outras empresas de manufatura. A combinação de inovação técnica e organizacional no sistema Toyota de produção produziu economias de escala e de escopo: volume e variedade.

A busca por inovações que ajudem a combinar economias de escala por meio de padronização com economias de escopo para satisfazer o desejo dos consumidores é um desafio contínuo. O objetivo final, em muitos casos, é produzir de modo econômico para mercados de um. A Toyota continua a investir em automação e em novas tecnologias, como materiais avançados e técnicas que integram projeto assistido por computador e sistemas flexíveis e computadorizados de fabricação. Veículos de suprimento automatizados são utilizados para transportar componentes e peças, bem como fazer armazenagem vertical controlada por computador. Apesar da preocupação da empresa com a qualificação e o incentivo aos círculos de qualidade, os críticos do sistema Toyota destacam o ritmo de trabalho bastante exigente que, além de afetar adversamente a saúde da força de trabalho, pode inibir a inovação. O desenvolvimento posterior desse sistema de produção dependerá de sua conformidade com o que é aceitável para os funcionários.

Organizações de serviços também buscam inovação nas operações. A companhia aérea easyJet é um exemplo de "customização de massa" inovadora, fornecendo serviço personalizado em grande escala. A companhia foi criada em 1995, com duas aeronaves alugadas e um sistema de reservas por telefone. Ela lançou um site em 1997 e, em 1999, vendeu sua milionésima passagem. Em 2005, já tinha vendido cem milhões de passagens. O uso da internet foi essencial a esse crescimento e serviu de base para o modelo empresarial de preços de acordo com a antecedência – no qual os preços variam conforme o período de tempo anterior à reserva e a demanda – e exigências personalizadas feitas pelo consumidor, como prioridade de embarque e manuseio da bagagem. Também possibilitou otimizar a utilização das aeronaves e reduzir custos por não precisar emitir passagens. É uma das maiores varejistas da internet, com 95% dos voos vendidos on-line, além de oferecer hotéis e de manter parceria com uma locadora de automóveis. Toda a documentação da empresa está armazenada em servidores com acesso global. Ela lançou um aplicativo para desktop para personalizar as informações e as reservas de voo.

Outro exemplo de uso inovador de operações é dado pelo supermercado Tesco e pelo uso de dados de seus treze milhões de clientes regulares. Pela classificação individual de 25 mil produtos, mineração de dados sobre comportamento de compra e uso de cartões de fidelidade, a empresa cria um "DNA do estilo de vida" de cada cliente. São criados grupos de clientes para promoções específicas e direcionadas. As treze milhões de pessoas que têm o Tesco Club Card recebem informes por correio quatro vezes por ano sobre suas recompensas e vouchers sobre ofertas adaptadas a seus perfis. São feitas sete milhões de variações de ofertas, e o retorno de clientes é de 10 a 25 vezes maior do que a média de 2% para o marketing direto. Os dados são usados para garantir que os produtos disponíveis em lojas atuais e futuras sejam adaptados para se ajustar aos perfis dos clientes locais.

Redes e comunidades

O desenvolvimento que Edison trouxe à indústria da luz elétrica foi um exemplo de inovação em um sistema técnico viabilizada dentro de uma rede de inovadores. A maior parte das inovações envolve a participação de uma série de organizações colaboradoras e, da perspectiva da organização individual, isso traz benefícios e dificuldades. Os benefícios consistem em conseguir acessar conhecimentos, habilidades e outros recursos de que ainda não dispõe. As dificuldades residem na ausência de sanção organizacional para fazer os outros agirem como você deseja.

A chave para a criação de uma rede eficiente é construir parcerias com alto grau de confiança. É preciso haver confiança na competência técnica de colaboradores, na sua capacidade de fornecer o que é esperado e na sua integridade geral em proteger o conhecimento exclusivo e estar preparados para admitir quando as coisas dão errado. A colaboração geralmente começa como resultado de conexões pessoais, que podem ser rompidas conforme as pessoas trocam de emprego ou de organização. Portanto, a confiança efetiva entre parceiros envolve a extensão da confiança interpessoal para a interorganizacional, com o valor da colaboração enraizado de forma institucional: legal, administrativa e culturalmente.

Em algumas áreas, como o software livre, a comunidade de usuários é a inovadora. Nesse caso, são os usuários do produto ou do serviço que oferecem novo conteúdo e melhorias. Apesar da retórica de participação irrestrita em muitas dessas comunidades, exige-se algum grau de organização. A Wikipedia, por exemplo, reconhece os esforços dos colaboradores à enciclopédia on-line criando uma hierarquia, na qual concede um status significativo na comunidade para os usuários cujas contribuições atingiram altos níveis de qualidade e quantidade.

As organizações estão tornando-se mais competentes no uso de redes sociais, wikis e blogs da Web 2.0 em suas atividades de inovação. Estão usando análises de redes sociais por meio, por exemplo, de pesquisas ou do acompanhamento de correspondências de e-mail para entender os principais nós pessoais e organizacionais na empresa e ajudar a melhorar a tomada de decisões. Para auxiliar a comunicação nas chamadas "atividades multipartidárias de massa", estão usando mundos virtuais como o *Second Life*, no qual as pessoas adotam uma representação de si mesmas como avatares. Essas novas formas de organização suscitam questões sobre sua legitimação no trabalho – considerando sua associação frequente com "jogos" – e sobre os sistemas adequados de incentivo e recompensa e perfis de habilidades dos usuários.

Projetos

Boa parte das economias modernas é composta de projetos de infraestrutura abrangentes e complexos, como redes de telecomunicações, produção e distribuição de energia e sistemas de transporte de aeroportos, ferrovias e rodovias. Esses projetos, que normalmente custam bilhões de dólares, carregam em si a coordenação de grande número de empresas que se unem para contribuir com diversas habilidades e recursos durante os diferentes estágios da progressão do projeto. Eles são notórios por excedentes de custos e atrasos. O Eurotúnel, entre a Inglaterra e a França, por exemplo, ultrapassou o orçamento em 80%.

O Terminal 5 (T5) do Aeroporto Heathrow, em Londres, foi um projeto grande e bastante complexo, que teve orçamento de 4,3 bilhões de libras e que envolveu mais de vinte mil empresas contratadas. Supervisionado pela British Airport Authority (BAA), cliente do projeto, proprietária do aeroporto e da operadora, esse projeto incluiu a construção de prédios centrais, um sistema de trânsito e conexões por rodovia, ferrovia e metrô no aeroporto mais movimentado do mundo operando com excesso de capacidade. O T5 tem o tamanho do Hyde Park de Londres, com capacidade anual de trinta milhões de passageiros. Embora seja lembrado com frequência pelos primeiros dias desastrosos de operações, quando a British Airways extraviou 20 mil bagagens e cancelou quinhentos voos, o projeto e a construção do projeto em si foram um sucesso, sendo entregue de acordo com o orçamento e no prazo. Esse sucesso resultou de uma abordagem inovadora de gerir projetos grandes e complexos.

A BAA teve o cuidado de aprender com projetos anteriores, certificou-se de que qualquer tecnologia utilizada já havia sido testada em outro lugar e testou as novas abordagens em projetos menores antes de aplicá-las ao T5. Foi feito uso de simulação digital e de tecnologias de modelagem e visualização para ajudar a integrar projetos e construção. Na base do sucesso do projeto T5 estava um contrato entre a cliente, BAA, e seus principais fornecedores que diferia consideravelmente das normas da indústria – que eram comumente adversas – e incentivava a colaboração, a confiança e a responsabilidade dos fornecedores. O risco do projeto foi assumido pela BAA, o trabalho foi conduzido em equipes integradas de projeto com fornecedores de primeiro nível e foram elaborados incentivos para compensar equipes com alto desempenho. Embora os processos e os procedimentos a serem seguidos tenham sido bastante especificados, o projeto foi formulado de maneira que permitisse aos gestores confrontar os problemas imprevistos, que inevitavelmente surgem em projetos complexos, de modo flexível e com base em experiências passadas.

As lições do T5 são de que o sucesso em projetos grandes e complexos é obtido a partir de rotinas padronizadas, repetitivas e preparadas com atenção, além de tecnologia e capacidade de ser inovador para lidar com eventos e problemas inesperados. A organização de projetos envolve um equilíbrio sensato entre realizar rotinas e promover a inovação.

Pessoas e equipes criativas

Conforme Edison demonstrou em Menlo Park, inovação requer esforço coletivo, reunindo diferentes ideias e expertise. A criação de equipes envolve decisões para o equilíbrio de habilidades, considerando os problemas enfrentados. Também implica decidir sobre o valor comparativo da memória organizacional – manter juntas as pessoas da equipe – e da renovação – trazer novas habilidades. Equipes que trabalham juntas por um longo período tendem a se tornar introspectivas e imunes a ideias inovadoras vindas de fora. Equipes que foram criadas há pouco tempo ou que contenham muitos membros novos precisam aprender a trabalhar juntas e a desenvolver um *modus operandi*. A harmonia em equipes tem muitas virtudes, mas, por vezes, é importante para a inovação ter elementos contestadores – a pérola na ostra – que façam perguntas difíceis e tragam mudança para a rotina.

A estrutura das equipes precisa refletir seus objetivos. Aqueles dedicados à inovação mais radical precisam de mais criatividade e flexibilidade nos objetivos, com a liberdade de responder a oportunidades emergentes e potencialmente imprevistas. Em geral, precisam do suporte em peso de níveis mais altos da organização, já que seus objetivos não acrescentam de forma imediata ao resultado final e, por consequência, são vulneráveis à crítica e aos exercícios de redução de custos. Deve-se encontrar equilíbrio entre os incentivos para indivíduos e equipes. Os fatores que incentivam a eficiência da equipe de inovação costumam ser subjetivos, tendo a ver com satisfação e reconhecimento profissional. Aqueles que inibem o desempenho são mais instrumentais, ou seja, referem-se aos objetivos do projeto e às limitações de recursos. Conforme constatou Edison, os funcionários trabalham arduamente quando recebem o incentivo de empregos interessantes, gratificantes e valorizados.

A criatividade não é apenas importante para empresas de design, como a Ideo. A inovação em todas as organizações depende de pessoas criativas e de equipes para produzir novas ideias, visto que a criatividade é uma questão que permeia todo o mundo do trabalho. Por meio do estímulo da inovação, muitas organizações contemporâneas veem o incentivo da criatividade como algo central ao desenvolvimento e à competitividade. A criatividade é um meio de tornar o trabalho mais atraente, melhorando a participação e o comprometimento das equipes, e constitui uma estratégia vitoriosa na "guerra por talentos" entre os funcionários mais qualificados e flexíveis.

A criatividade tem um componente individual e de grupo. Os psicólogos falam sobre as características de pessoas criativas e sobre como ideias imaginativas emergem de indivíduos com a capacidade de pensar de modo diferente e de ver conexões e possibilidades. Diz-se que indivíduos criativos têm tolerância à ambiguidade, à contradição e à complexidade. Cientistas cognitivos, como Margaret Boden, argumentam que a criatividade é algo que pode ser aprendido por todos e baseia-se em capacidades comuns que todos compartilhamos e em expertise praticado, ao qual todos podemos aspirar.

As organizações despendem grande quantidade de tempo e de recursos no treinamento da criatividade e na elaboração de incentivos e recompensas para a criatividade individual. Também estão preocupadas com a promoção da criatividade em grupos e com a formulação de estruturas de equipes, processos e práticas organizacionais mais propícios. Os grupos reúnem perspectivas e conhecimento díspares que são valiosos para a criatividade e cruciais para as novas combinações em inovação. Pesquisas recentes sobre criatividade aumentaram o enfoque em circunstâncias organizacionais e empresariais que incentivam a criatividade e em sistemas e estratégias que modelam sua manifestação.

Ideias criativas tornam-se inovações quando aplicadas com sucesso. A criatividade em si pode ser inspiradora, estimulante e bela, mas somente tem valor econômico quando manifestada em termos de inovação. Ela assume formas distintas em inovações incrementais e radicais. As inovações incrementais envolvem uma criatividade mais estruturada, gerenciada e deliberada. A inovação radical exige criatividade que não possa ser limitada por práticas existentes e modos de fazer as coisas.

Pessoas

Líderes

Raramente ocorre inovação em organizações sem o compromisso e o suporte visível dos líderes, embora esses líderes ainda assim possam ter uma ligeira ideia da natureza específica de novos desenvolvimentos. Um dos aspectos centrais da liderança é o incentivo à criação de novas ideias e sua implantação. Os líderes encontram recursos para o suporte e oferecem proteção contra os adversários da inovação. Quando novas ideias ameaçam o *status quo*, é inevitável que interesses estabelecidos se oponham a elas. Conforme diz Maquiavel em *O príncipe*:

> Não há nada mais difícil de executar e perigoso de manejar do que a instituição de uma nova ordem das coisas... Disso decorre que a qualquer momento em que os inimigos tenham oportunidade de atacar, o fazem com calor de sectários, enquanto os outros defendem fracamente, de modo que ao lado deles se corre sério perigo.

Uma das lições de renomados líderes de organizações inovadoras, como Edison, é criar uma cultura de suporte, na qual os funcionários sejam incentivados a tentar coisas novas e não sejam rechaçados quando fracassam. Em 1948, o presidente da 3M, William McKnight, resumiu sua abordagem que caracterizou a estratégia da empresa durante décadas...

> À medida que nosso negócio cresce, torna-se cada vez mais necessário delegar responsabilidades e incentivar homens e mulheres a exercitar suas iniciativas. Isso exige uma considerável tolerância. Os homens e mulheres a quem delegamos autoridade e responsabilidade, se forem pessoas de bem, desejarão fazer o trabalho da sua própria maneira.
> Erros serão cometidos... A gerência que se utiliza de críticas destrutivas quando erros são cometidos mata a iniciativa. E é essencial que tenhamos muitas pessoas com iniciativa se quisermos continuar a crescer...

Um jovem gerente nervoso, que havia conduzido um projeto que fracassou, entregou uma carta de demissão a Henry Ford. A resposta de Ford foi que ele não dispensaria alguém para que fosse trabalhar para algum concorrente depois de aprender uma lição valiosa com o seu dinheiro.

Gerentes
Além de liderança facilitadora nos níveis mais altos da organização, determinadas inovações precisam de entusiasmados e poderosos "campeões" ou patrocinadores gerenciais com significativa responsabilidade na tomada de decisões.

Além de bons na gestão de equipes, na coordenação de questões técnicas e de projeto e na implantação de processos e decisões, os gestores da inovação também devem ser habilidosos defensores das virtudes da inovação, fazendo lobby por seu suporte e criando uma visão do que ela fará e de qual será sua contribuição.

Expansores de fronteiras

Um dos mais importantes papéis individuais na inovação é o do expansor de fronteiras, que é a pessoa capaz de se comunicar e construir pontes entre e dentro de organizações. Nas empresas de manufatura, ele era conhecido como coordenador tecnológico. Essas pessoas adquirem informações avidamente – por meio de leituras e participando de conferências e de feiras de comércio – e comunicam informações valiosas ao setor da organização que precisa delas. Por vezes, as organizações consideram difícil justificar a escolha de expansores de fronteiras. Liberação para viagens, participação em conferências e conversas com muitas pessoas não são, às vezes, valorizadas por aqueles que estão presos a uma mesa ou bancada de trabalho. No entanto, a função que exercem é muito benéfica para a inovação.

Todos

Uma das inovações mais bem-sucedidas da 3M foi o Post-It. Os desenvolvedores do núcleo técnico da inovação – sua cola não pegajosa – foram reconhecidos por isso. No entanto, também houve reprovações pelo departamento de marketing da empresa, que dizia que ninguém o compraria. O pouco crédito que teve foi dado pelas pessoas da organização que reconheceram o potencial do produto e incentivaram seu desenvolvimento. Após a rejeição da ideia do Post-It pelo departamento de marketing, os desenvolvedores do produto enviaram amostras às secretárias dos diretores da empresa. Elas imediatamente perceberam o valor do produto e obtiveram o apoio dos chefes para que a ideia fosse desenvolvida.

A inovação afeta a todos na organização e, em maior ou menor grau, é responsabilidade de todos. A informatização de muitas habilidades manuais tradicionais, como a fabricação de ferramentas, reduziu ou alterou as habilidades necessárias a um emprego. Muitos empregadores escolheram o caminho da redução de habilidades – como no caso de máquinas de controle numérico –, mas logo reconheceram as vantagens da alteração de habilidades e deram ao trabalhador do chão de fábrica liberdade de ação nas tarefas que realizam. Isso reflete a capacidade que as pessoas têm de mudar e de responder de modo produtivo e criativo à inovação, caso recebam a oportunidade. Isso proporciona, nas palavras de Edison, o prazer de cultivar a capacidade de pensar. O potencial da inovação derivada do chão de fábrica levou alguns a descrevê-lo como laboratório e locais de experimentação.

Uma ferramenta importante usada para incentivar a inovação é o uso de programas de recompensas e de reconhecimento. Muitas organizações têm esquemas para sugestões, e empresas como a IBM e a Toyota extraem milhares de ideias dos funcionários. Eles podem receber uma recompensa financeira ou o reconhecimento dos pares. Em geral, a maneira mais eficiente de reconhecimento é a implantação da ideia pela organização. A capacidade que os indivíduos apresentam de ter ideias inovadoras e de perseguir sua implantação demonstra que a liderança de inovação não é apenas responsabilidade daqueles que ocupam uma posição hierárquica alta.

Inovadores de todos os tipos recebem melhor suporte em organizações cujo compromisso com o desenvolvimento de recursos humanos e treinamento atrai, recompensa e retém gerentes e empregados talentosos sem medo de mudanças, tranquilizando os que a temem. Organizações inovadoras têm procedimentos de indicação, sistemas de pagamento e incentivo, bem como caminhos de progressão de carreira para garantir funcionários adequados à inovação. Enquanto algumas pessoas obtêm sucesso ao criar inovação e precisam ser incentivadas e recompensadas, outras são melhores em desenvolver procedimentos para a sua aplicação, exigindo formas distintas de reconhecimento. Outras ainda têm medo da inovação ou, pelo menos, de muita mudança, vendo-a como ameaça e podendo, por consequência, apresentar estresse e baixo desempenho. Uma reputação de organização inovadora é atraente para potenciais candidatos inovadores, e mecanismos de seleção devem avaliar entrevistas incompatíveis com cuidado. Funcionários que a consideram incômoda precisam ser apoiados e orientados durante o processo de inovação.

Tecnologia

Na década de 1960, a pesquisa de Joan Woodward sobre a organização de fábricas no sudoeste da Inglaterra começou a explicar a relação entre tecnologia e organização. Ela demonstrou como a organização variava de acordo com a tecnologia central subjacente, com a produção assumindo a forma de pequenos ou grandes lotes, produção em massa ou processos de fluxo contínuo. A ideia de que a organização resulta da tecnologia utilizada – determinismo tecnológico – foi desacreditada por pesquisas que mostram até que ponto as escolhas podem ser feitas, uma visão endossada por Joan Woodward. Apesar disso, a tecnologia exerce grande influência e existe uma relação entre os modos como as indústrias são organizadas e até onde podem se beneficiar da inovação por meio da divisão de trabalho. Produtos e serviços de indústrias variam consideravelmente, e as técnicas de produção e de operação variam na mesma proporção.

Tecnologias da inovação

Edison conhecia, por um lado, o valor da instrumentação altamente científica e, por outro, o valor do "lixo", de peças esquisitas e de um amplo conjunto de materiais incomuns. Tais máquinas e artefatos estimulam a inovação. Assim como os muitos esboços de Edison auxiliavam seu raciocínio e melhoravam a comunicação de suas ideias aos outros, a criação de projetos e protótipos tangíveis concentra esforços e constrói conexões entre pessoas com diferentes habilidades e perspectivas. Em muitos casos, ideias referentes à inovação crescem de maneira orgânica e repetitiva em torno de projetos emergentes e cada vez mais concentrados.

Tecnologias da informação e da comunicação transportam designs e conexões entre fronteiras para um mundo digital onde o objetivo de Edison de "rápido e barato desenvolvimento de uma invenção e sua elaboração em formato comercial" ocorre de formas que nem ele poderia imaginar.

As tecnologias digitais combinam projeto e fabricação em sistemas de projeto e fabricação assistidos por computador. Informações de projeto digital sobre novos produtos são transferidas ao equipamento usado para fazê-los. Os projetos são guiados pelo sistema com relação ao que é possível fabricar. A internet, as redes de áreas locais e os sistemas de planejamento de recursos da empresa ajudam as organizações a combinar diferentes insumos de pessoas com habilidades muito distintas.

Desenvolvimento de enorme poder em computação, os softwares que permitem a fusão de diferentes conjuntos de dados e novas tecnologias de visualização, usados extensamente na indústria de jogos de computador, levaram a um novo tipo de tecnologia de suporte à inovação. "Tecnologia da inovação" é assim chamada porque ajuda a combinar vários componentes do processo de inovação. Ela está sendo utilizada para melhorar a velocidade e a eficiência da inovação, reunindo diferentes insumos entre e dentro de organizações. A tecnologia da inovação inclui o seguinte: software integrado de realidade virtual para ajudar clientes a projetar novos produtos e serviços; ferramentas de simulação e modelagem para aumentar a velocidade de novos projetos; e-ciência, ou computação em grade, que cria novas comunidades de cientistas e pesquisadores, ajudando-os a gerenciar projetos colaborativos; tecnologia sofisticada de mineração de dados, usada para ajudar a entender os clientes e gerenciar fornecedores; e tecnologia de prototipagem virtual e rápida para acelerar o ritmo da inovação. Juntas, essas tecnologias estão sendo utilizadas para que clientes, de um lado, e pesquisadores científicos, de outro, sejam combinados de modo mais eficiente nas decisões sobre inovação.

Com a transferência de experimentos e prototipagem para o mundo digital, a tecnologia da inovação permite às empresas conduzir experimentos a baixo custo e "fracassar com frequência e nas fases iniciais". A tecnologia da inovação também é muito importante no projeto de sistemas grandes e complexos, como serviços de utilidade pública, infraestrutura de aeroportos e sistemas de comunicação, nos quais não é viável testar protótipos em escala integral.

Um dos aspectos mais importantes da tecnologia da inovação é como auxiliar a representação e a visualização do conhecimento e de sua comunicação entre diferentes domínios, disciplinas, profissões e "comunidades de prática". Por exemplo, compare o projeto de um prédio novo usando métodos tradicionais e tecnologia da inovação. O uso da tecnologia da inovação transforma dados complexos, informações, perspectivas e preferências de diversos grupos em elementos visíveis e compreensíveis. A representação virtual ajuda arquitetos a visualizar projetos finais e a esclarecer as expectativas dos clientes, propiciando uma boa compreensão da aparência e da sensação do prédio antes do início das obras. Os clientes podem "caminhar" pelo prédio virtual, obtendo uma impressão do leiaute e do "ambiente" antes que o primeiro tijolo seja assentado. A tecnologia da informação mune empreiteiras e construtoras de especificações e requisitos, além de permitir aos órgãos de fiscalização, como brigadas de incêndio, que avaliem com segurança se os prédios têm probabilidade de atender às exigências regulatórias. A tecnologia da informação permite que os vários participantes do processo de inovação, como fornecedores e usuários, empreiteiros e subempreiteiros, integradores de sistemas e produtores de componentes, colaborem de modo mais eficiente na entrega de novos produtos e serviços.

A utilização da tecnologia da inovação pode produzir inovações bastante drásticas. Muitas pessoas morreram no

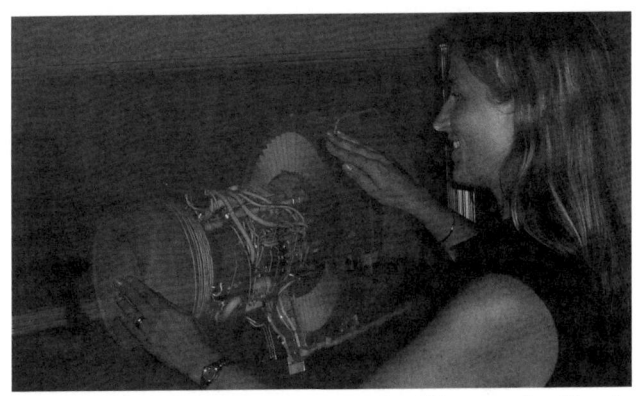

10. Engenharia e design cada vez mais utilizam a visualização computadorizada e as ferramentas de realidade virtual.

World Trade Center, em 2001, porque os ocupantes que tentavam descer pelas escadas de incêndio ficaram presos com os bombeiros que as subiam. Novas maneiras de tirar pessoas de prédios altos em caso de eventos extremos foram consideradas para a Torre da Liberdade, que substituiu as Torres Gêmeas em Nova York. Simulações e visualização por computador do comportamento de prédios e de pessoas em situações de emergência levaram os bombeiros a acreditar que a maneira mais segura de saída era pelo elevador. A mudança de uma visão arraigada sobre segurança para outra em que a mensagem seja "em caso de incêndio, use o elevador" exige muita persuasão para convencer proprietários e moradores de prédios, engenheiros e arquitetos, bombeiros, brigadas de incêndio e seguradoras. O entendimento mútuo e compartilhado dessa mudança radical foi auxiliado pela troca de desenhos e conjuntos de dados complexos e detalhados para imagens computadorizadas de compreensão imediata. Engenheiros de proteção de incêndio usaram várias tecnologias de simulação e visualização para transformar a concepção desses diversos públicos sobre segurança em prédios altos e incentivar a exploração de novas abordagens à evacuação rápida.

Capítulo 6

Construindo um planeta mais inteligente?

Começamos este livro com um exemplo de inovação no início da Revolução Industrial. Para terminá-lo, teremos um vislumbre especulativo sobre o que nos espera no futuro. Os desafios e as oportunidades de inovação são imensos. Além de criar novas fontes de riqueza a partir de ideias, a inovação é essencial se quisermos dar conta da mudança climática, proporcionar alimentos e água de melhor qualidade, melhorar a saúde e a educação e produzir energia de modo sustentável. Isso será crucial para nossa coexistência em um planeta cada vez mais populoso.

Os processos de inovação tornaram-se progressivamente mais complexos. Eles evoluíram das atividades de empreendedores do século XVIII, como Josiah Wedgwood, passando pela organização formal de pesquisas no século XIX e por grandes departamentos corporativos de P&D em meados e final do século XX, até o envolvimento atual de vários colaboradores em redes distribuídas de inovadores sustentadas por novas tecnologias.

A chave para o futuro da inovação está na capacidade das organizações de promover a criatividade, tomar decisões e fazer escolhas estando bem-preparadas, informadas e conectadas. As muitas fontes de ideias – funcionários, empreendedores, P&D, clientes, fornecedores e universidades – produzirão continuamente oportunidades de inovação. O desafio está no incentivo, na seleção e na configuração das melhores ideias oriundas dessas fontes. Para explorar como as organizações no futuro podem responder a esses desafios, voltemos ao exemplo da IBM, empresa que usa um processo de inovação distribuída e prepara o terreno para o seu desenvolvimento posterior. Optamos pela IBM porque, se comparada com organizações de safra mais recente, como a Microsoft e a Toyota, ou com empresas empreendedoras menores, como a Ideo, ela tem uma longa história de autotransformação. A IBM enfrentou desafios contínuos, alguns dos quais criados por ela mesma, outros impostos, e sua sobrevivência no futuro dependerá da inovação, assim como no passado. A empresa demonstrou que pode mudar seus processos de inovação à medida que modela e também se adapta às demandas de novos produtos, serviços e tecnologias e responde a desafios emergentes. Embora não seja possível prever se obterá sucesso no futuro, ela apresenta alguns dos aspectos de uma inovadora contemporânea em rede: na forma como apoia e incentiva o expertise, nas conexões internas e externas e na tomada de decisões em situações incertas.

Pensamento futuro: o caso da IBM

Em 2006, a IBM conduziu uma "conferência paralela em massa" ou "*Innovation Jam*", que envolveu a criação de um portal na web e o convite para que os funcionários postassem ideias sobre quatro áreas futuras de potencial desenvolvimento, as quais foram identificadas com cuidado. Os resultados foram notáveis: em duas fases de três dias, foram feitas mais de 40 mil sugestões entre 150 mil empregados da IBM, familiares, parceiros comerciais, clientes e pesquisadores universitários de 104 países. O processo de sessão interativa presenciou a discussão, o refinamento, a classificação e a pontuação das ideias à medida que eram reduzidas para 36 e, por fim, para 12. Nick Donofrio, diretor de inovação e tecnologia da IBM na época, diz que o processo testemunhou ideias que foram impulsionadas, evoluíram e transformaram-se em algo completamente diferente quando os envolvidos assumiram o controle e então as alteraram. Mais de US$ 70 milhões foram alocados para financiar dez novos negócios resultantes da sessão de 2006, gerando em torno de US$ 300 milhões em receita em dois anos. Dessa forma, a IBM usa a internet para valer-se da criatividade de uma enorme comunidade de potenciais inovadores. Também usa um portal na web, o ThinkPlace, onde funcionários podem identificar, compartilhar e ser recompensados por sugestões inovadoras. Com isso, a IBM desenvolveu uma maneira de atrair ideias e de fazer escolhas sistemáticas para a inovação em escala enorme.

Muitas dessas propostas derivam dos duzentos mil cientistas e engenheiros da empresa. Para incentivar a ciência e a engenharia criativas, bem como para garantir fortes conexões externas entre seus líderes tecnológicos, a IBM criou as posições de *distinguished engineers* (engenheiros especiais) e de *IBM fellows*. Em torno de 650 funcionários ocupam essas posições de alto status na organização. Para se tornar um *distinguished engineer*, o colaborador precisa demonstrar um fluxo constante de invenção e inovação, além do reconhecimento entre pares internos e externos. A posição de *IBM fellow* é o mais alto reconhecimento de mérito por realizações técnicas na empresa, e os *fellows* recebem liberdade considerável para perseguir suas próprias áreas de pesquisa. Indicações para essas posições de prestígio são importantes motivadores para o desenvolvimento da carreira e sinais de êxito pessoal.

Como parte dos esforços para construir seu expertise tecnológico de maneira constante, a IBM utiliza a Academia de Tecnologia, fundada em 1989 e inspirada nas Academias Nacionais de Ciência e Tecnologia dos Estados Unidos. Seu propósito é aconselhar executivos da IBM sobre tendências, direções e questões técnicas, bem como desenvolver e conectar a comunidade técnica da IBM em todo o mundo. A academia produz relatórios, tem uma conferência anual e desempenha importante papel na conscientização tanto sobre tendências emergentes quanto sobre construção e divulgação de conhecimento.

A busca da empresa por inovação estende-se bem além de seus limites e considera-se parte de uma "ecologia da inovação", com grande número de relações e conexões externas. Essa ecologia inclui provedores independentes de software, agências de padrões técnicos, universidades, órgãos governamentais e consumidores. Uma série regular de publicações – *Innovation Outlooks* – é produzida para demonstrar a concepção de liderança e promover a interação com as comunidades que contribuem para o desenvolvimento e o uso de inovação da IBM.

A IBM registrou 4.186 patentes em 2008, mais do que qualquer outra empresa. Ao mesmo tempo, como indicador da extensão de seus esforços para interagir com a comunidade de inovação, anunciou planos de aumentar em 50% (mais de 3.000 por ano) a publicação de suas invenções e contribuições técnicas, disponibilizando essa pesquisa gratuitamente. Ao ser "aberta" em termos de inovação, cedendo propriedade intelectual para uso de terceiros, a IBM apresenta sua expertise e ajuda a construir a escala de tecnologias e mercados à medida que outros desenvolvem novos produtos e serviços complementares.

Como exemplo de como interage com seus clientes, a IBM tem um sistema de conselheiros de tecnologia para clientes (CTA, da sigla em inglês para *Client Technology Advisers*), que cria relacionamentos de longo prazo com os principais clientes, oferecendo conselhos, e constrói funções de guias de confiança para desenvolvimentos estratégicos em seus segmentos. A IBM beneficia-se desse arranjo ajudando a modelar novos e importantes investimentos em suas fases iniciais.

Um exemplo das tentativas da IBM de liderar o desenvolvimento de novas ideias pode ser visto no conceito de "ciência de serviços", surgido em 2004 como uma descrição da mudança rumo a serviços e sistemas complexos em muitos setores e mercados industriais. O conceito foi adotado por vários clientes e colaboradores da IBM, como a BAE Systems e a HP. A IBM também trabalha com a comunidade acadêmica, patrocinando projetos de pesquisa e simpósios universitários com o objetivo de explorar o que pode vir a ser uma nova disciplina. O incentivo da IBM a cursos de Ciência de Serviços, Gestão e Engenharia (SSME, do inglês *Services*

Science, Management and Engineering) testemunhou sua adoção internacional em cerca de 400 universidades.

Um método que a IBM utiliza para escolher entre muitas oportunidades potenciais de inovação é o seu processo de oportunidades emergentes de negócio (*Emerging Business Opportunities*, EBO). O EBO foi criado em 2000 para melhorar a capacidade da empresa de explorar novas tecnologias, como mundos virtuais, e dar uma resposta rápida a novas oportunidades de negócios. Os EBOs são gerenciados em negócios descentralizados e fazem uso de pequenas equipes para incentivar o enfoque. Espera-se que gerem retornos financeiros rápidos, demonstrando que existe mercado para seus produtos e serviços. Alguns EBOs, como a computação em nuvem – que proporciona imenso poder de computação na internet sob demanda –, são iniciativas tão importantes que acabam sendo maturadas de forma central na organização. O maior incentivo para promover novas ideias é, com frequência, a recompensa de vê-las postas em prática, e o processo de EBO, que recebe o suporte da alta gerência, aponta para a intenção da IBM de perseguir sistematicamente as melhores delas.

Os esforços organizacionais da IBM para construir e apoiar o processo de inovação são complementados por sua abordagem ao uso de tecnologia para criar conexões e tomar decisões. Essa é uma das principais características da estratégia Smart Planet (Planeta Inteligente) da IBM.

A estratégia Smart Planet da IBM

Lançada em 2008, essa estratégia reconhece que lidar com problemas complexos e emergentes – em áreas como energia, saúde e meio ambiente – exige o entendimento das relações entre e dentro de sistemas. Isso depende da capacidade de monitorar o desempenho e dar sentido a enormes volumes de dados.

A estratégia baseia-se, em parte, no potencial de utilizar dados de grande número de instrumentos de sensoriamento e monitoramento, inclusive de dispositivos móveis. Um indicador da onipresença desses instrumentos é a estimativa feita pela IBM de que existem em torno de um bilhão de transistores para cada ser humano no planeta. Um exemplo dessa modalidade de instrumentação são os aparelhos de identificação por radiofrequência (RFID, *radio frequency identification devices*). Os RFID oferecem abordagens inovadoras para gerenciar cadeias de suprimento e sistemas logísticos, acompanhando, por exemplo, a carne da fazenda ao mercado e ajudando a garantir que alimentos frescos estejam disponíveis para consumo.

A estratégia da IBM é conectar esses sensores a fim de permitir a comunicação entre sistemas e objetos, criando o que é conhecido como a "internet das coisas". Para criar meios inteligentes de encontrar e fornecer soluções para problemas por meio da internet, é preciso tomar decisões sobre como projetar, configurar e operar sistemas, usando as potentes capacidades analíticas de supercomputadores e a computação em nuvem. Isso permite a mineração de dados e o reconhecimento de padrões, como, por exemplo, quando as companhias seguradoras percebem padrões em milhões de pedidos de indenização ou quando a polícia faz correlações entre evidências forenses para identificar padrões de crime. Suas análises e seus diagnósticos podem levar a um novo entendimento do desempenho dos sistemas e de como eles evoluem, bem como a uma melhor gestão de recursos. O uso de tecnologias de inovação, como técnicas de simulação e visualização dos resultados, também pode oferecer a promessa de envolvimento dos tomadores de decisão com um número variado de partes interessadas ao fazerem escolhas.

Exemplos do valor potencial da abordagem Smart Planet são encontrados em energia, transporte e saúde. A escala do desafio de provisão de energia fica evidente na estimativa da IBM de que a incapacidade atual de gerenciar e equilibrar o fornecimento e a demanda de eletricidade nos Estados Unidos resulta de uma perda substancial de energia por ano para suprir a demanda por energia elétrica na Índia, na Alemanha e no Canadá. Com a utilização dos mais variados instrumentos para mensuração e monitoramento, a inovação pode otimizar o fornecimento e a demanda de energia. Oportunidade de inovação é o desenvolvimento de novos sistemas em que tudo possa ser instrumentalizado e analisado em tempo real: do medidor nas residências, passando pela rede de distribuição, até chegar às usinas de energia elétrica. Essas "redes inteligentes" têm o potencial de permitir que melhores decisões sejam tomadas e torna o fornecimento de energia mais eficiente, confiável e adaptável às mudanças em transformação.

Questões semelhantes são vistas nos sistemas de transporte. Segundo a IBM, o congestionamento nas estradas norte-americanas custa em torno de US$ 80 bilhões ao ano, com mais de quatro bilhões de horas de trabalho perdidas e o desperdício de aproximadamente três bilhões de galões de combustível, o que produz emissões volumosas de dióxido de carbono. A inovação nas políticas públicas com o uso de instrumentalização dos sistemas de trânsito resultou em melhorias em muitas cidades. As taxas de tráfego em Milão, por exemplo, têm uma escala que depende do nível de poluição emitido por veículos individuais. Quando um veículo entra na cidade, câmeras sinalizam, quase instantaneamente, para um banco de dados que identifica o modelo e a faixa de cobrança adequada. O sistema de tráfego inteligente de Estocolmo, que usa câmeras e lasers para identificar e cobrar veículos de acordo com o horário, reduziu os congestionamentos em quase 25% e as emissões em até 12%. A complexidade dos problemas enfrentados é vista na maneira como a IBM trabalhou com trezentas organizações diferentes para desenvolver o sistema de Estocolmo.

Outro exemplo é o meio encontrado para lidar com os problemas de trânsito nas cidades chinesas. A Siemens, empresa alemã de eletrônica e engenharia, está trabalhando com pesquisadores chineses para otimizar o fluxo de tráfego com base em dados de posicionamento fornecidos automaticamente pelos celulares dos motoristas.

Um exemplo da abordagem Smart Planet em assistência médica é o projeto da IBM com o Google Health e a Continua Health Alliance, com o objetivo de criar sistemas de telemedicina em que indivíduos e famílias podem acompanhar informações sobre saúde recebendo um fluxo de dados de dispositivos médicos. O RFID também é usado para confirmar a autenticidade de suprimentos médicos, reduzindo erros e melhorando a adesão a regulamentações e procedimentos médicos. É usado pela Siemens para rastrear o número de compressas estéreis utilizadas em procedimentos cirúrgicos para evitar, por exemplo, que alguma seja esquecida dentro do paciente, além de monitorar as temperaturas de suprimento sanguíneo durante o processo de doação, concentração de células, armazenagem e uso.

Muitos desafios de energia, transporte e saúde serão enfrentados em cidades. Em 1900, 13% da população mundial vivia em cidades. Em 2007, a maioria era composta de habitantes urbanos, e espera-se um aumento de 70% até 2050, quando a população mundial terá aumentado de seis para nove milhões. As dificuldades para os planejadores urbanos e para as autoridades são o fato de as cidades serem responsáveis por 75% do consumo global de energia e por 80% das emissões de gases do efeito estufa.

Uma indicação da maneira como a IBM pretende desenvolver serviços para resolver problemas em sistemas urbanos é encontrada no exemplo da criação do Centro de Pesquisa Analítica Empresarial, anunciado por Sam Palmisano – presidente e diretor-executivo da IBM – no Fórum Smarter Cities, realizado em Berlim em 2009. O centro alemão empregará cientistas para pesquisar sistemas urbanos. A pesquisa internacional, interdisciplinar e interorganizacional do centro é um exemplo dos novos modelos distribuídos necessários para atacar os prementes problemas contemporâneos.

A IBM descreve a si mesma como uma empresa globalmente integrada, que exerce atividades centrais em escala mundial, mas com entrega de serviços conforme os requisitos dos mercados locais. A companhia tem a vantagem de contar com a alta variedade de qualificação em ciência e tecnologia em todo o mundo. Ao mesmo tempo, em vez de concentrar

P&D nos Estados Unidos ou em alguns dos principais centros globais, a escolha de Berlim para o novo centro mostra como a IBM pretende ter seu expertise mais próximo aos mercados, sobretudo, nesse caso, do Leste Europeu.

O centro, portanto, opera como um eixo em uma rede de pesquisa distribuída, colaborando com mais de trezentos matemáticos, consultores e especialistas em software alemães. Ele conecta os centros de pesquisa global da IBM, fazendo amplo uso do conhecimento que existe nas complexas interações entre e nos sistemas. O trabalho do centro é colaborativo, baseia-se na abordagem científica dos serviços da IBM e utiliza tecnologias de inovação para criar e analisar novos modelos matemáticos e simular o comportamento dos sistemas de sistemas que são cidades. Para compreender os requisitos energéticos, por exemplo, não basta incentivar o aumento do uso de carros elétricos sem entender suas implicações para o fornecimento de energia.

O novo modelo de inovação demonstra que nenhuma organização por si só – mesmo que tenha o tamanho da IBM – tem profundidade e amplitude para lidar com problemas que afetam os sistemas urbanos. Sabe-se que as soluções para os problemas de crescimento populacional, saúde, energia e transporte estão interconectadas e são de alcance global.

O sucesso que a estratégia Smart Planet terá ao ajudar a solucionar esses problemas dependerá da resolução de significativas questões técnicas, organizacionais, sociais e políticas. São necessários sistemas tecnológicos simples, robustos e à prova de falhas. Novas habilidades são exigidas para analisar grandes volumes de dados, interpretar padrões e gerar ideias para auxiliar na tomada de decisões quase em tempo real. É preciso criar novas formas de participação para desenvolver e implementar inovações.

O Smart Planet da IBM é a estratégia em evolução de uma organização, cujo sucesso ou fracasso ainda precisa ser estabelecido. A IBM, como todas as organizações, cometeu erros no passado e fará o mesmo no futuro, e ainda veremos se e como essa estratégia funcionará. No entanto, o conceito de um planeta mais inteligente é atraente quando se considera a função mais ampla da inovação no futuro, e a IBM oferece-nos algumas pistas referentes a quais rumos poderemos seguir. A companhia nos mostra como as interconexões que incentivam a inovação baseiam-se em pessoas talentosas e bem-informadas, com participação ativa nas ecologias de inovação, orientadas por estratégias criativas e facilitadas pela tecnologia. Um planeta mais inteligente usaria recursos de modo mais eficiente e efetivo. Usaria novas abordagens organizacionais e tecnologias em instituições com altos níveis de conexão, processos de inovação e maneiras de trabalhar, estando mais bem-posicionado para lidar com desafios atuais e emergentes.

Instituições mais inteligentes

Governos
Além de buscar as políticas de inovação discutidas no Capítulo 4, incentivando o estoque e o fluxo de inovação, os governos federais precisam de altos níveis de coordenação intergovernamental: internacional, regional e local.

O uso da inovação para dar conta de problemas contemporâneos exige mais recursos e habilidades do que pode ser reunido por nações individualmente. Alguns desafios, como o controle das emissões de gases do efeito estufa, não podem ter soluções autônomas e precisam ser discutidos em fóruns internacionais. O equilíbrio entre o autointeresse nacional e a necessidade de abordagens internacionais representa um desafio crescente em termos de política de inovação. Além disso, assim como o bem-estar social e a prosperidade econômica tornam-se cada vez mais impulsionados pela criatividade e pelo conhecimento, há profundas implicações para relacionamentos e disparidades entre países. Desigualdades existentes podem se acentuar à medida que nações ricas em tecnologia, instituições e organizações se afastam das nações menos favorecidas. Instituições intergovernamentais devem monitorar e elaborar políticas para lidar com esse tipo de problema.

Muitas decisões importantes sobre inovação não são tomadas em nível nacional, mas por autoridades municipais cada vez mais poderosas e por governos regionais que competem entre si de modo vigoroso – tanto doméstica quanto internacionalmente – para atrair investimentos e talentos. A expertise em coordenação e colaboração doméstica intergovernamental também é crucial à política de inovação eficiente.

Em muitos países, a privatização de recursos previamente públicos, como energia, transporte e telecomunicações, excluiu uma alavanca direta que os governos tinham para aprimorar a inovação. Em seu lugar, foram criadas novas autoridades de regulamentação, e seus papéis no suporte à inovação no setor privado precisam ser explorados e ampliados. A função do governo é complicada devido ao modo como os limites dos domínios público e privado tornaram-se imprecisos com a criação de parcerias públicas e privadas. Há benefícios mútuos a serem atingidos com essa forma de organização, inclusive acesso a recursos para investimento em inovação que poderiam, do contrário, estar indisponíveis. No entanto, a posse e o o controle de recursos e o conhecimento de inovação podem estar modelados por diferentes incentivos que talvez resultem em tensões entre o ganho privado e o bem público. A política de inovação governamental precisa ser formulada com base em maior participação de empresas e no entendimento dos pontos fortes e das deficiências das contribuições que podem ser feitas.

Há enormes oportunidades futuras para inovação em serviços governamentais. Entre elas, por exemplo, está a telemedicina, ou seja, a utilização de computadores e da internet para auxiliar em diagnósticos médicos em casa. A telemedicina é usada na Austrália para prestar serviços de saúde a comunidades remotas. No Reino Unido, é utilizada para acompanhar pacientes idosos, evitando sua ida ao hospital. Na Índia, equipamentos móveis são levados a vilarejos destituídos de recursos, onde os diagnósticos são feitos por conexões eletrônicas a hospitais urbanos, oferecendo um nível de assistência médica ao qual a comunidade pobre rural não tinha acesso.

Como parte de sua contribuição para a inovação, os governos têm a oportunidade de usar novas tecnologias, fornecendo meios para uma maior inclusão e participação dos cidadãos na tomada de decisões referentes ao projeto e ao fornecimento dos serviços solicitados. Com a criação de novos centros de saúde no mundo virtual antes de sua construção real, por exemplo, podem-se obter sugestões de profissionais da saúde e de pacientes para gerar projetos melhores.

Uma das áreas essenciais da criação de políticas está nos processos pelos quais as escolhas são feitas por governos sobre onde concentrar investimentos para sustentar a prosperidade futura. Nenhuma nação tem os recursos para inovar em todas as áreas, por isso deve haver um equilíbrio entre demandas conflitantes por recursos escassos. Os governos precisam estabelecer abordagens sofisticadas para fazer escolhas, enquanto garantem que haja investimento suficiente nas mais diversas áreas para manter as opções abertas e permitir que os países absorvam ideias úteis desenvolvidas em outros lugares. Decisões sobre o que priorizar devem envolver longas discussões com empresas e grupos socioambientais, bem como debates públicos em uma tentativa de chegar a um consenso sobre o futuro.

A importância da inovação para o governo e as dificuldades de estabelecer as conexões necessárias e fazer boas escolhas exigem profundas habilidades de criação de políticas de inovação. Isso amplia a compreensão da importância e da natureza da inovação por meio da aparelhagem do governo e ajuda a desenvolver uma abordagem "governo como um todo". Mais valorização das contribuições e dificuldades da inovação ajudará a combater a altíssima aversão a riscos no serviço público. Em reconhecimento à sua natureza mais difundida, distribuída e inclusiva, a política pública exige formas mais precisas de mensuração da inovação – abandonando indicadores parciais e, com frequência, equivocados de gastos com P&D e desempenho de registros de patentes – e novas abordagens e habilidades nessa área. Ferramentas, como análise de redes sociais, podem ser usadas, por exemplo, para medir padrões de conectividade em transformação. A criação de políticas de inovação deve reconhecer que a inovação é um desafio contínuo sem "soluções" simples. À medida que evolui, novas questões surgem e, por consequência, as políticas precisam mudar.

Universidades

Para contribuir com maior eficiência para a inovação, as universidades devem aprimorar o incentivo à troca de conhecimento e ao fluxo interno e externo de ideias. Elas devem ir além de um modelo restrito de transferência de tecnologia na forma de proteção formal à propriedade intelectual, licenciamento e novas empresas, bem como dar as boas-vindas às muitas oportunidades que a colaboração oferece para a criação e a transferência de novos serviços educativos e de pesquisa. Suas estratégias encontrarão várias maneiras de envolver partes interessadas em empresas, no governo e na comunidade e, ainda assim, continuar a ser movida por valores acadêmicos. Elas educarão e empregarão pessoas capazes de trabalhar de várias maneiras com pesquisa, tanto em empresas quanto no governo, construindo conexões entre diferentes partes de sistemas de inovação, incentivadas pela mobilidade de diplomados com habilidades variadas e aprimoradas com o uso da e-ciência.

Poucas universidades têm recursos para prestar serviço universal em todas as áreas do conhecimento, e a maioria delas se beneficia das escolhas e da ampla especialização. Algumas podem fortalecer suas posições tendo um sabor local, enquanto outras consideram-se centros de pesquisa global e de esforços de educação. A concentração em determinadas áreas garante a profundidade de conhecimento que atrai os melhores colaboradores em pesquisa e negócios, e as parcerias podem preencher lacunas onde as instituições decidiram não participar.

As universidades têm um papel contínuo a ser desempenhado na produção de ferramentas de pesquisa de grande escala e de instrumentos para ciência e engenharia a fim de incentivar descobertas, permitir que as pessoas explorem áreas desconhecidas, vendo e mensurando o que os outros não conseguem: talvez cada vez mais no projeto e na prestação de serviços. Elas representam a liderança na formulação de padrões comuns, necessários a inovadores para ajudar a lançar novos produtos e serviços em segmentos dinâmicos.

A disponibilização de "espaço para ensaios" e de laboratórios colaborativos para longos e profundos diálogos, assim como a participação na geração de ideias e testes com empresas, governo e comunidade é uma das mais importantes funções de suporte da inovação para as universidades. Os pesquisadores continuarão a trabalhar com todo o rigor acadêmico e independência de sua disciplina, mas, por meio desses diálogos, muitos se sentirão confortáveis como membros de equipes distribuídas que exploram as interfaces interdisciplinares e as consequências socioeconômicas de seu trabalho. Por serem extremamente hábeis na oferta de estruturas físicas e organizacionais e de incentivos para reconhecimento acadêmico e progressão da carreira, as universidades precisarão explorar melhores espaços e métodos de incentivo e recompensa desse envolvimento.

Empresas

Quando as economias e as tecnologias mudam com rapidez e são voláteis, a capacidade que as empresas têm de aceitar e implantar ideias radicais e inovadoras aumenta. Em tais circunstâncias, as melhores estratégias são as experimentais e dinâmicas, que atingem um equilíbrio ponderado entre a exploração de novas e antigas ideias. Essas estratégias dependem de investimentos contínuos em capital humano e em pesquisa e tecnologia.

A inovação, nas palavras de Lou Gerstner, ex-presidente da IBM, precisa estar arraigada no DNA da organização. Conforme demonstra o exemplo da IBM, o desempenho de inovadores e de equipes excepcionais deve ser recompensado, mas as responsabilidades e as oportunidades de inovação são de todos.

Investimentos contínuos em P&D e capacidade de absorção gerada continuam sendo essenciais, assim como a capacidade de comercializar e intermediar conhecimento nas ecologias de inovação. Conexões corporativas e fontes de novas ideias exigem parcerias de longo prazo com universidades em todo o mundo, integração profunda com cidades e regiões inovadoras e gestão eficiente de tecnologias de suporte à inovação.

Há uma maior amplitude dessas ecologias à medida que distinções tradicionais entre segmentos tornam-se vagos com a transferência e a combinação de conhecimento, ideias e habilidades entre setores para produzir novas ofertas. Boa parte da criação de valor na indústria da manufatura, por exemplo, está nos serviços de projeto. Os setores de serviços e as universidades estão colaborando de maneira inovadora, como no caso da iniciativa SSME da IBM. A inovação é uma condição para o sucesso nos segmentos criativos – como a nova mídia digital, o entretenimento e a publicidade – cujo conteúdo é crucial, por exemplo, para empresas inovadoras de produtos e serviços envolvidas com telefonia móvel. Os segmentos de recursos, como agricultura e mineração, dependem da inovação para aumentar a eficiência e auxiliar na melhoria de produtos; inovações em gestão da água, por exemplo, têm ampla variedade de aplicações. As ideias para inovação nas empresas têm origem em fontes diversas e, com frequência, inesperadas em novas e imprevistas combinações.

Será preciso muitos anos para entender por completo o efeito que a crise financeira global de 2008/2009 teve sobre conexões entre inovadores e fontes de capital. Em curto prazo, não há dúvida de que investimentos em inovação estão sendo afetados de maneira negativa e, no longo prazo, a confiança entre os setores financeiro e produtivo precisará ser reconstruída. Serão necessárias novas formas de gestão

"É mesmo uma abordagem inovadora, mas infelizmente não podemos considerá-la. Isso nunca foi feito antes."

11. Alguns desafios da inovação podem sempre estar conosco.

de risco para supervisionar uma tomada de decisões ética e responsável e para melhorar a gestão de risco de inovações complexas.

Pequenas e médias organizações podem, cada vez mais, ser progenitoras de tecnologias inovadoras, usando suas vantagens de velocidade, flexibilidade e enfoque sobre as empresas de grande porte. Comparadas às empresas grandes e de capital aberto, as pequenas empresas podem assumir riscos incomuns. Por não estarem tão limitadas pela rigidez organizacional das grandes companhias, podem desenvolver e testar novos modelos e processos empresariais com mais facilidade. Organizações de pequeno e médio porte combinarão suas vantagens comportamentais com os maiores recursos encontrados em empresas grandes em novas modalidades de rede de inovação e parceria colaborativa. As organizações maiores realizarão experimentos contínuos em tentativas de emular os ambientes empreendedores de unidades menores, conforme visto nos processos de EBO da IBM.

Thomas Edison já sabia: a inovação precisa ser organizada apropriadamente a seus objetivos. Os benefícios da busca ilimitada por ideias, em que o acaso e as descobertas inesperadas podem trazer muitas recompensas, devem ser equilibrados com enfoque e direção organizacionais. Existem bem mais oportunidades do que se pode abarcar, e é preciso fazer escolhas que modelem e direcionem as habilidades que as organizações utilizam e os recursos que investem. Habilidades na gestão estratégica da inovação que as ajudam a fazer tais escolhas serão as mais valorizadas pelas empresas.

Inovação mais inteligente

Assim como na época de Wedgwood, a inovação resulta da combinação de ideias, as quais estão cada vez mais difundidas e distribuídas ao redor do mundo, cuja integração pode ser auxiliada pelo uso da tecnologia. Wedgwood entendeu que a inovação combina considerações do "lado do fornecedor" – isto é, fontes de inovação, como desenvolvimento tecnológico e de pesquisa – e uma apreciação profunda das demandas do mercado. Inovadores inteligentes estão imersos na compreensão dos padrões em transformação e do significado do consumo, além dos valores e normas subjacentes às decisões de comprar produtos e serviços inovadores. Tais padrões são afetados pela globalização e são flexíveis por natureza. Uma geração criada em meio a consumo ostensivo, quaisquer que sejam os custos reais, pode ser desprezada por outra preocupada com a sustentabilidade. O reconhecimento das capacidades de novas tecnologias de incluir números crescentes de colaboradores para a inovação, inclusive comunidades de usuários, exige maior compreensão de suas motivações e de como energia e ideias podem ser usadas da maneira mais eficiente.

A estratégia de inovação em companhias de todos os portes e setores deve ir além dos modelos planejados e sequenciais da era industrial e dos formatos de laboratórios corporativos de P&D que produziram a descoberta de Stephanie Kwolek. É preciso considerar as oportunidades que surgem em locais inesperados, os altos níveis de incerteza e grande complexidade, em que a aprendizagem organizacional por meio da colaboração é a chave para a sobrevivência e o crescimento. As limitadas mensurações e contas financeiras usadas por empresas no passado – como retorno sobre capital e relatórios trimestrais para acionistas – devem ser complementadas com indicadores mais significativos à inovação e à resiliência organizacional. Por exemplo, qual é o valor das opções para o futuro que as organizações tem com a realização de pesquisas? Que inovações exploradas e desenvolvidas atualmente têm o potencial de suprir as principais partes da organização em dez a vinte anos? Como a capacidade que uma organização tem de aprender foi melhorada por investimentos em pesquisa? Qual é o valor de ser um colaborador de confiança, um empregador ético e um produtor sustentável?

O pensamento econômico beneficia-se de abordagens evolutivas que consideram normais o risco, a incerteza e o fracasso em inovação e que nos afasta de sistemas lineares e planejados, conduzindo-nos a sistemas abertos, emergentes e totalmente conectados. As ideias e a aprendizagem foram reconhecidas como as motivações mais importantes de crescimento econômico e produtividade. Valoriza-se a exploração de novas combinações interdisciplinares entre ciência, arte, engenharia, ciências sociais e humanas e administração, enfatizando-se a necessidade de mecanismos e habilidades para a criação de conexões entre limites organizacionais, profissionais e disciplinares. A atenção é voltada para a melhoria das conexões e do desempenho de sistemas e ecologias de inovação. Tais ecologias podem formar combinações inimaginadas: a antropologia pode informar a produção e a distribuição de energia local; a filosofia pode influenciar o projeto de circuitos de semicondutores; o estudo de música pode afetar a prestação de serviços financeiros.

As tecnologias de inovação intensificam a inovação. A instrumentação de trilhões de aparelhos e sensores embutidos no mundo físico contribui com volumes inimagináveis de dados disponíveis a serem utilizados pelas novas tecnologias de projeto no mundo virtual para criar e aprimorar os produtos e serviços que queremos e melhorar as experiências que desejamos.

A inovação deve gerar produtos e processos que melhorem o meio ambiente ou que, no mínimo, não causem danos a ele. Desenvolvimento sustentável e inovação são os dois lados da mesma moeda. Muitos dos desafios da sustentabilidade – mudança climática, gestão de recursos aquáticos, agricultura geneticamente modificada, eliminação de resíduos, proteção a ecossistemas marinhos e perda de biodiversidade – são persistentes e não têm solução completa, havendo a falta de um conjunto claro de alternativas e pouco espaço para tentativa e erro. Eles são caracterizados por certezas contraditórias entre os protagonistas, e as estratégias para enfrentá-los envolvem o confronto, em lugar da solução, e a busca pelo que é viável, e não pelo que parece mais eficiente. Lições do estudo sobre a inovação podem ser aplicadas para lidar com esses problemas persistentes, inclusive facilitação, estrutura e gestão da cooperação e da conectividade, gestão de risco e avaliação de opções e uso de ferramentas de colaboração, como tecnologias de rede social. Além disso, o uso de tecnologias da inovação pode ajudar a modelar e a simular as implicações de decisões, e sua capacidade de visualização ajuda a comunicação e o envolvimento informado de diversas partes para auxiliar na tomada de decisões participativa.

Indivíduos mais inteligentes

Como lidaremos pessoalmente com o modo como a inovação está mudando? Se trabalhamos no setor público ou privado, em grupos comunitários ou se somos membros do setor público, como podemos ser mais inteligentes na forma de desenvolver e utilizar a inovação? Uma maior alfabetização tecnológica certamente trará melhorias em nossa eficiência em um mundo conectado em massa. Também devemos nos tornar mais aptos a incentivar a criatividade, a lidar com mudanças, a estabelecer a comunicação entre fronteiras e a colocar ideias em prática. É preciso ter intuição e discernimento, tolerância e responsabilidade, diversidade de interesses e sensibilidades transculturais. Deve-se encontrar um equilíbrio entre nossa capacidade de pensar em novas ideias, de brincar com elas por meio de experimentos, testes e protótipos, e de ensaiar, implantar ou realizar essas ideias. Nosso ceticismo e nossas faculdades críticas devem estar preparados para questionar sempre que ouvirmos "é assim que é", e as capacidades precisam estar acentuadas para articular "é assim que queremos". Exigiremos as recompensas que os trabalhadores do laboratório de Edison tiveram, embora, talvez, sem as horas exaustivas ou o medo do reavivador de cadáver. De fato, com a riqueza criada a partir de nosso conhecimento, esperamos satisfação com o emprego em locais de trabalho agradáveis, que conduzam à diversidade, que sejam adequados ao nosso estilo de vida, às nossas circunstâncias familiares e escolhas.

Devemos garantir que inventores e inovadores que fazem grandes contribuições – as Stephanie Kwoleks do mundo – sejam reconhecidos tal como os astros do esporte e os artistas são valorizados hoje.

A inovação é um processo interminável que carrega consigo uma incerteza contínua sobre o seu sucesso ou fracasso. Pode ser tanto ameaçadora quanto gratificante. O grau em que responderemos a ela depende não só de nosso nível de abertura e cooperação, mas também de nossa preparação para aceitar riscos e ceder espaço ao incomum e para trabalhar com outros que tenham pensamentos diferentes. Isso será influenciado pela cultura de organizações e pela qualidade de líderes que admitem que a segurança no trabalho e a tolerância ao fracasso são essenciais à inovação, que ninguém tem todas as respostas, que o progresso é colaborativo e que a reputação está na modéstia de afirmações e no profissionalismo na entrega.

Nem sempre os resultados da inovação são benéficos, e por vezes não é possível prever suas consequências. A adição de chumbo à gasolina solucionou o problema da autoignição, mas deixou um legado ambiental desastroso. A talidomida reduziu o enjoo matinal em grávidas, mas induziu deficiências nos bebês. A nociva relação entre ação e consequência foi nitidamente vista na crise financeira global de 2008/2009, na qual foram introduzidas inovações financeiras sem pesos e contrapesos nem considerações de suas implicações. Preocupação com as implicações de inovações devem ser de especial importância entre os que buscam introduzi-las.

Os enormes volumes de dados disponíveis sobre indivíduos para outras pessoas, corporações e o Estado também aumentam as responsabilidades dos que projetam e gerem a inovação. Na informação e em outras áreas, como genética, a inovação exige profundas considerações éticas e práticas bastante visíveis e responsáveis, além de regulamentações alertas e ágeis em suas respostas. Tecnologias de simulação, modelagem e visualização oferecem grandes oportunidades de melhoria nos processos de inovação, porém seu uso responsável depende das habilidades e do julgamento de pessoas imersas na teoria e na prática de suas profissões e ocupações. A inovação exige que as pessoas sejam funcionários, clientes, fornecedores, colaboradores, membros de equipe e cidadãos informados, vigilantes e responsáveis. Andrew Grove, fundador da Intel, disse que, em nosso mundo incerto, somente os paranoicos sobrevivem, mas serão os perspicazes e informados, e não os desconfiados e temerosos, que nos ajudarão nos momentos difíceis. Emanuel Kant disse que ciência é o conhecimento organizado; sabedoria é a vida organizada. O futuro da inovação – onde seus benefícios fluem e os custos são abreviados – está na sábia organização do conhecimento.

Referências

ABERNATHY, W.; UTTERBACK, J. Patterns of Industrial Innovation. *Technology Review*, v. 80, n. 7, p. 40-47, 1978.

BALDWIN, N. *Edison: Inventing the Century*. New York: Hyperion Books, 1995.

BAUMOL, W. *The Free-Market Innovation Machine: Analyzing the Growth Miracle of Capitalism*. Princeton, NJ: Princeton University Press, 2002.

BILTON, C. *Management and Creativity: From Creative Industries to Creative Management*. Oxford: Blackwell, 2007.

BODEN, M. *The Creative Mind: Myths and Mechanisms*. 2. ed. London: Routledge, 2004.

BURNS, T.; STALKER, G. *The Management of Innovation*. London: Tavistock Publications, 1961.

CHESBROUGH, H. *Inovação aberta: como criar e lucrar com a tecnologia*. Porto Alegre: Bookman, 2012.

CHRISTENSEN, C.M. *The Innovator's Dilemma: When New Technologies Cause Great Firms to Fail*. Boston, MA.: Harvard Business School Press, 1997.

DAVIES, A.; GANN, D.; DOUGLAS, T. Innovation in Megaprojects: Systems Integration in Heathrow Terminal 5. *California Management Review*, v. 51, n. 2, p. 101-125, 2009.

DODGSON, M.; GANN, D.; SALTER, A. The Role of Technology in the Shift Towards Open Innovation: The Case of Procter & Gamble. *R&D Management*, v. 36, n. 3, p. 333-346, 2006.

DODGSON, M.; GANN, D.; SALTER, A. "In Case of Fire, Please Use the Elevator": Simulation Technology and Organization in Fire Engineering. *Organization Science*, v. 18, n. 5, p. 849-864, 2007.

DODGSON, M.; XUE, L. Innovation in China. *Innovation: Management, Policy and Practice*, v. 11, n. 1, p. 2-6, 2009.

FAIRTLOUGH, G. *Creative Compartments: A Design for Future Organisation*. London: Adamantine Press, 1994.

FREEMAN, C.; SOETE, L. *A Economia da Inovação Industrial*. Campinas: Unicamp, 2008.

FREEMAN, C. *Technology Policy and Economic Performance: Lessons from Japan*. London: Pinter, 1987.

FREEMAN, C.; PEREZ, C. Structural Crises of Adjustment: Business Cycles and Investment Behaviour, In: DOSI, G. et al. (Org.). *Technical Change and Economic Theory*. London: Pinter, 1988.

GANN, D.; DODGSON, M. *Innovation Technology: How New Technologies Are Changing the Way We Innovate*. London: National Endowment for Science, Technology and the Arts, 2007.

GERSTNER, L. *Who Says Elephants Can't Dance: Inside IBM's Historic Turnaround*. New York: Harper Business, 2002.

GU, S.; LUNDVALL, B.-A. China's Innovation System and the Move Toward Harmonious Growth and Endogneous Innovation. *Innovation: Management, Policy and Practice*, v. 8, n. 1-2, p. 1-26, 2006.

HARGADON, A.B. *How Breakthroughs Happen: The Surprising Truth about How Companies Innovate*. Cambridge, MA.: Harvard Business School Press, 2003.

HELFAT, C. et al. *Dynamic Capabilities: Understanding Strategic Change in Organizations*. Malden, MA: Blackwell, 2007.

HENDERSON, R.; CLARK, K.B. Architectual Innovation: The Reconfiguration of Existing Product Technologies and the Failure of Established Firms. *Administrative Science Quarterly*, v. 35, n. 1, p. 9-30, 1990.

JOSEPHSON, M. *Edison*. London: Eyre and Spottiswoode, 1961.

KERR, C. *Os usos da universidade*. Fortaleza: EFC, 1982.

LESTER, R.K. *The Productive Edge*. New York: W.W. Norton & Co., 1998.

LUNDVALL, B.A. (Org.). *National Innovation Systems: Towards a Theory of Innovation and Interactive Learning*. London: Pinter, 1992.

MALERBA, F. *Sectoral Systems of Innovation: Concepts, Issues and Analyses of Six Major Sectors in Europe*. Cambridge: Cambridge University Press, 2004.

MARX, Karl. *O capital: crítica da economia política, livro primeiro: o processo de produção do capital, volume I*. 26. ed. Rio de Janeiro: Civilização Brasileira, 2008.

MILLARD, A. *Edison and the Business of Innovation*. Baltimore, MD: Johns Hopkins University Press, 1990.

MILLER, F. *Thomas A. Edison: The Authentic Life Story of the World's Greatest Inventor*. London: Stanley Paul, 1932.

NELSON, R.; WILSON, S. *Uma teoria evolucionária da mudança econômica*. Campinas: Unicamp, 2006.

NELSON, R. (Org.). *National Innovation Systems: A Comparative Analysis*. New York: Oxford University Press, 1993.

NOBLE, D.F. *Forces of Production: A Social History of Industrial Automation*. New York: Oxford University Press, 1986.

PAINE, C. *Who Killed the Electric Car?*, filme documentário, Papercut Films (2006).

PALMISANO, S. The Globally Integrated Enterprise, *Foreign Affairs*, v. 85, n. 3, p. 127-136, 2006.

QUINN, J. Interview with Stephanie Kwolek, *American Heritage.com*, v. 18, n. 3, 2003.

ROGERS, E.M. *Diffusion of Innovations*. 4. ed. New York: The Free Press, 1995.

ROTHWELL, R. et al. SAPPHO Updated – Project SAPPHO, Phase II, *Research Policy*, v. 3, p. 258-291, 1974.

ROYAL SOCIETY. *Hidden Wealth: The Contribution of Science to Service Innovation*. London: Royal Society, 2009.

SABBAGH, K. *Twenty-First-Century Jet: The Making and Marketing of the Boeing 777*. New York: Scribner, 1996.

SCHUMPETER, J.A. *The Theory of Economic Development: An Inquiry into Profits, Capital, Credit, Interest and the Business Cycle*. Cambridge, MA.: Harvard University Press, 1934.

SCHUMPETER, J.A. *Capitalism, Socialism and Democracy*. London: George Allen & Unwin, 1942.

SMILES, S. *Josiah Wedgwood: His Personal History*. London: Read Books, 1894.

SMITH, A. *A riqueza das nações*. São Paulo: Momento Atual, 2003.

STOKES, D. *Pasteur's Quadrant: Basic Science and Technological Innovation*. Washington, DC: Brookings Institution Press, 1997.

TEECE, D.J. Profiting from Technological Innovation: Implications for Integration, Collaboration, Licensing and Public Policy. *Research Policy*, v. 15, n. 6, p. 285-305, 1986.

UGLOW, J. *The Lunar Men: Five Friends Whose Curiosity Changed the World*. New York: Farrar, Straus and Giroux, 2002.

UTTERBACK, J.M. *Mastering the Dynamics of Innovation: How Companies Can Seize Opportunities in the Face of Technological Change*. Boston, MA.: Harvard Business School Press, 1994.

WILLIAMS, R. *Retooling: A Historian Confronts Technological Change*. Cambridge, MA.: MIT Press, 2002.

WOMACK, J.; JONES, D.; ROOS, D. *The Machine that Changed the World: The Story of Lean Production*. New York: Harper, 1991.

WOODWARD, J. *Industrial Organization: Theory and Practice*. London: Oxford University Press, 1965.

Leituras complementares

Sobre Josiah Wedgwood:
Dolan, B. *Wedgwood: The First Tycoon*. New York: Penguin, 2004.

Sobre Joseph Schumpeter:
McGraw, T. *Prophet of Innovation: Joseph Schumpeter and Creative Destruction*. Cambridge, MA.: Harvard University Press, 2007.

Sobre o processo de inovação e as formas como é organizado, gerenciado e como está mudando:
Dodgson, M.; Gann, D.; Salter, A. *Think, Play, Do: Technology, Innovation and Organization*. Oxford: Oxford University Press, 2005.
Dodgson, M.; Gann, D.; Salter, A. *The Management of Technological Innovation: Strategy and Practice*. Oxford: Oxford University Press, 2008.

Sobre a economia da inovação:
Fagerberg, J.; Mowery, D.; Nelson, R. (Org.). *The Oxford Handbook of Innovation*. Oxford: Oxford University Press, 2006.

Sobre a história da inovação:
Rosenberg, N. *Inside the Black Box. Technology and Economics*. Cambridge: Cambridge University Press, 1982.
Edgerton, D. *Shock of the Old. Technology and Global History since 1900*. London: Profile Books, 2006.

Sobre as estratégias de inovação:
Schilling, M. *Strategic Management of Technological Innovation*. New York: McGraw-Hill/Irwin, 2005.

SOBRE O EMPREENDEDORISMO:

GEORGE, G.; BOCK, A. *Inventing Entrepreneurs. Technology Innovators and their Entrepreneurial Journey*. London: Prentice Hall, 2009.

WRIGHT, M. et al. *Academic Entrepreneurship in Europe*. Cheltenham: Edward Elgar, 2007.

DADOS SOBRE DESEMPENHO INTERNACIONAL EM P&D E INOVAÇÃO:

Fundação Nacional da Ciência; Estatísticas de Ciência e Engenharia: http://www.nsf.gov/statistics

Organização para a Cooperação e o Desenvolvimento Econômico; Portal de Estatísticas de Ciência, Tecnologia e Patentes: http://www.oecd.org

ÍNDICE REMISSIVO

A

Aeroporto Heathrow 119
aglomeração industrial 20
ambiente 27, 62, 104, 107, 128, 134, 148
apneia do sono 65
Apple 44-45, 69, 77, 106
aprendizagem 10, 22, 45-46, 68, 78, 84, 99, 147
automação 47, 90, 113, 116

B

Baumol, William 28
Bell Labs 108
Boeing 65, 67
Bohr, Niels 73
Boulton, Matthew 17, 56
British Airport Authority (BAA) 119
Bush, Vannevar 31-32

C

capital humano
  ver também funcionários 30, 143
capitalismo 29, 37, 57
capitalistas de risco 56, 58, 78
Centro de Pesquisa Analítica Empresarial (IBM) 137
cerâmica 11-15, 17-20, 86
China 10, 16, 59, 78, 86, 90-93, 110-111
cidades 18, 51, 77-78, 88, 136-138, 144
Cingapura 90
Clark, Graeme 65
clientes 11, 14, 21, 25, 27, 35, 46, 50, 52, 55-56, 64-67, 110, 114, 117, 127-128, 130-131, 133, 150
colaboração 21, 35, 42, 52, 68, 69, 76, 104, 110, 115, 118-119, 140, 142, 147-148
  inovação aberta 17, 110
  redes e comunidades 117
  universidades 50, 69-70, 72, 74, 76-77, 98, 109, 111, 130, 133-134, 142-144
coletes à prova de bala 61
complexidade 9, 28, 37-38, 121, 136, 147
computadores 35, 53, 74, 140
  ver também internet; software 35, 53, 74, 140
comunicações 30, 48, 110, 127
concorrência 19, 31, 43, 48, 49, 54-55, 81, 93
confiança 26, 77, 79, 83-84, 87, 92, 117-119, 133, 144, 147
conhecimento 10, 24, 28, 30, 38, 43, 50-51, 58-60, 63, 69-72, 76-77, 81, 83, 100, 106, 109-110, 117, 122, 128, 132, 138-140, 142, 144, 149-150
consequências adversas 41
Coreia do Sul 59, 85, 90
créditos fiscais 80, 82

D

desafios da inovação 26, 145
desenvolvimento econômico 32, 56, 69, 92
desenvolvimento experimental 60
desenvolvimento sustentável 148
design 11, 14, 17-18, 22, 43, 44, 65, 78, 86, 88, 106-107, 111, 113, 121, 129
destruição, inovação como 22, 30, 41, 57
determinismo tecnológico 126
"dilema do inovador" 66
dimensão de tempo 38
divisão de trabalho 16, 28-29, 47, 99, 112-113, 126
DNA 74-76, 117, 143
DuPont 40, 61-63

E

easyJet 116
ecologias 139, 144, 147
Edison, Thomas 27, 39, 47, 49, 56, 73, 94-107, 114, 117, 120-121, 123, 125-127, 146, 149
eficiência 15-17, 27, 29, 52, 85, 91, 113-114, 121, 127, 142, 144, 149
eletricidade 30, 52, 89, 97, 135
empreendedores 31, 37, 55-57, 77, 79, 130, 146
emprego e trabalho 46
   ambiente do trabalho 62
   controle de qualidade 34
   divisão do trabalho 16, 28-29, 47, 99, 112-113, 126
   imigração 80
   Wedgwood, Josiah 11-21, 28, 41, 51, 56, 94, 112, 130, 146
empresas 20, 23, 25-26, 30-31, 34-35, 37-38, 40-41, 44, 48, 50-51, 53-54, 56, 58, 62, 65-67, 70-72, 74, 76-77, 79-84, 86-88, 90, 91-92, 106-110, 114-115, 119, 121, 124-125, 128, 131, 140-147
energia 12, 14-15, 30, 50, 56-57, 70, 74, 89, 94, 112, 119, 130, 134-138, 140, 146-147
energia a vapor 30, 112
engenharia 29, 43, 70, 72, 74, 78, 85-86, 106-107, 132, 136, 143, 147
ensino 98
Ericsson 110-111
Escolas de administração 70
especialização 28, 63, 71, 113, 142
Estados Unidos 30, 132
estratégias do tipo "prever e fornecer" 33
estratégia Smart Planet 134, 138
estruturas 15, 21, 30, 37-38, 42, 50, 90, 94, 108-110, 122, 143
expansores de fronteiras 124

F

fatores sociais e culturais 86
fibra 61-63
fluxo de ideias 83
fontes de inovação 10, 36, 50, 146
Ford, Henry 34, 43, 95, 113, 115, 123
fornecedores 27, 34-35, 50, 53-54, 56, 64, 67-68, 84-85, 96, 119-120, 127-128, 130, 150
fracasso de mercado 81-82
fracassos 43, 95
Freeman, Christopher 30

G

Genentech 58, 76
General Electric (GE) 56, 94, 105
gerentes 27, 58, 125
globalização 146
Google 56, 58, 112, 136
governo 20, 35, 53, 56, 59, 77, 79-82, 84, 91-92, 140-143

H

habilidade artesanal 16
habitação 33, 86-89
Hollerith, Herman 52, 54
homens lunares 17

I

IBM 51-56, 69, 125, 130-139, 143-144, 146
identificação por radiofrequência (RFID) 135
Ideo 106-107, 121, 131
imprevisibilidade 28
Índia 10, 78, 110, 135, 140
índices de inovação e difusão 39
indústria automobilística 34, 67
indústria do transporte aéreo 44
industrialização 90
infraestrutura 11, 19, 21, 26, 28, 80, 97, 118, 128
"Innovation Jam" (IBM) 131
inovação incremental 39, 85
inovação radical 24, 39, 46, 85, 122
Instituto de Tecnologia de Massachusetts (MIT) 34, 71
institutos de ciência e tecnologia 90
institutos e cursos técnicos 71
Intel 54, 77, 109, 150
interesses estabelecidos, ameaças a 26, 122
internet 10, 24, 36, 56, 116, 127, 131, 134-135, 140

J

Japão 10, 35, 59, 81, 83-88, 90, 114

K

Kerr, Clark 69
Kevlar 61, 63-64
Kwolek, Stephanie 50, 61-64, 147

L

laboratório de Menlo Park 98
laboratório de West Orange 99, 103
laboratórios 31, 50, 53, 95, 97-99, 108-110, 143, 147
Lei Bayh-Dole 74
liderança 46, 80, 86, 92, 122-123, 125, 133, 143

M

Manual de Frascati 59-60, 72
maquinário e equipamentos 23, 29, 47-48, 97, 98, 113-114, 140
Marshall, Alfred 30
Marx, Karl 29, 47
Microsoft 40, 54, 56, 131
modelos de inovação 33, 36
mudança climática 130, 148

N

novos desenvolvimentos 76, 122

O

Operações e produção 112
oportunidades emergentes de negócio (EBO) (IBM) 134

P

padrões técnicos 27, 30, 49, 55, 95, 133
parcerias e joint-ventures 11, 16, 68, 117, 140, 142, 144
Pasteur, Louis 39, 73, 103
patentes 17, 44, 49, 51-52, 60, 64, 76, 78, 94-96, 98, 103, 108, 133, 142
pequenas empresas 67, 87, 90, 145
Perez, Carlota 30
pesquisa aplicada 60, 72, 74
pesquisa básica ou pura 32, 59, 62, 72-74, 85, 109
pesquisa de mercado 33
pesquisa e desenvolvimento (P&D) 50
pirataria 112
polímeros 62-63
política 20, 31, 36, 70, 79, 81-83, 85, 92, 103, 139-141
Ponte Millenium, Londres 41, 43-45
Post-It 124
privatização 140
processamento de dados 52
processos 14-15, 21, 23-24, 28-29, 33-34, 38, 40, 45, 47, 60, 63, 88, 90, 112-113, 115, 120, 122, 124, 126, 130-131, 139, 141, 145-146, 148, 150
Procter and Gamble 110
produção em massa 34, 88, 99, 113-115, 126
produção enxuta 34, 115
produtividade multifatorial (MFP) 48
produtos 9, 11, 13-16, 19, 21-25, 31, 33-34, 36, 40-41, 44-45, 47-48, 50-51, 53, 60, 64-67, 72, 77, 79-80, 87, 104, 106-107, 110-113, 115, 117, 127-128, 131, 133-134, 143-144, 146, 148

projeto de desenvolvimento avançado 112

Q

qualidade 11, 13, 15-16, 18-19, 25, 31, 34, 41, 46, 71, 83, 84, 88, 97, 109, 111-116, 118, 130, 149
questões organizacionais 34

R

raciocínio 47, 126
realidade virtual 36, 127, 129
redes e comunidades 117
rede social 55, 148
regiões 41, 47, 51, 78, 85, 93, 144
risco 15, 27, 39, 42, 56, 58, 66-67, 78, 81, 92, 119, 145, 147-148
Rolls Royce 67
Rothwell, Roy 35-36, 67

S

Salk, Jonas 74
saúde 16, 20, 23, 25-26, 78, 116, 130, 134-135, 137-138, 140, 141
Schumpeter, Joseph 22, 25, 30-32, 41, 47, 51, 57-58
seguidores rápidos 40
serviços 9, 10, 21, 23-26, 28, 36, 40-41, 45, 47-48, 50-51, 60, 64, 67, 72, 76, 78-80, 83, 92, 106, 110-112, 116, 126-128, 131, 133, 134, 137-138, 140-144, 146, 148

simulação 119, 127, 129, 135, 150
sistemas nacionais 27, 82-85, 90
sistemas stage-gate 111
Sloan, Alfred 114
Smith, Adam 16, 28, 47, 112
software 24, 52-53, 66, 82, 118, 127, 132, 138
Sony 44, 66
Staffordshire Pottery 11, 14, 16-20, 77
Stokes, Donald 72-73

T

Tabulating Machine Company 52
taxas de tráfego 136
tecnologia da inovação 127-128
tecnologia e organização, relação entre 48, 126
tecnologias de visualização 36, 127
telemedicina 137, 140
teoria das capacidades dinâmicas 38
teorias de inovação 37
Tesco 117
Tesla, Nikola 96, 101-103
tipologias de inovação 23
Toyota 67, 88-89, 114-116, 125, 131
transporte 15, 18-20, 23, 26, 28, 41, 77, 119, 135-138, 140

U

universidades 69, 142

V

vacina para poliomelite 74
Vale do Silício 27, 70, 77-78, 85, 109
vantagem dos pioneiros 40

W

Watson Jr, Thomas 53
Watson, Thomas 52
Wedgwood, Josiah 11-21, 28, 41, 51, 56, 94, 112, 130, 146
Woodward, Joan 126

Lista de ilustrações

1. Josiah Wedgwood / © Hulton Archive/Getty Images / 12

2. Joseph Schumpeter / © Bettmann/Corbis / 32

3. Ponte Millennium, Londres / © 2004 UPP/TopFoto / 45

4. Computador IBM System/360 / Cortesia de IBM Corporate Archives / 54

5. Stephanie Kwolek / © Michael Branscom / 61

6. Quadrante de Pasteur / De D. Stokes, *Pasteur's Quadrant* (1997). Com permissão da Brookings Institution Press / 73

7. Carta à *Nature* / Reimpresso com permissão de Macmillan Publishers Ltd. *Nature* 171, Molecular Structure of Nucleic Acids: A Structure for Deoxyribose Nucleic Acid, por J. D. Watson e F. H. Crick, 25 de abril de 1953 © 1953 / 75

8. Funcionários da fábrica de Thomas Edison em uma sessão de "canto" / Departamento do Interior dos Estados Unidos, Serviço de Parques Nacionais, Edison National Historic Site / 100

9. Charge "Apague a luz", por Clifford K. Berryman, 1931 / Cortesia da Biblioteca do Congresso / 105

10. TouchLight / Cortesia de EON Reality, Inc. / 129

11. Charge sobre inovação / © A. Bacall/Cartoonstock.com / 145

Série Biografias **L&PM** POCKET:

Albert Einstein – Laurent Seksik
Andy Warhol – Mériam Korichi
Átila – Éric Deschodt / Prêmio "Coup de coeur en poche" 2006 (França)
Balzac – François Taillandier
Baudelaire – Jean-Baptiste Baronian
Beethoven – Bernard Fauconnier
Billie Holiday – Sylvia Fol
Buda – Sophie Royer
Cézanne – Bernard Fauconnier / Prêmio de biografia da cidade de Hossegor 2007 (França)
Freud – René Major e Chantal Talagrand
Gandhi – Christine Jordis / Prêmio do livro de história da cidade de Courbevoie 2008 (França)
Jesus – Christiane Rancé
Júlio César – Joël Schmidt
Kafka – Gérard-Georges Lemaire
Kerouac – Yves Buin
Leonardo da Vinci – Sophie Chauveau
Luís XVI – Bernard Vincent
Marilyn Monroe – Anne Plantagenet
Michelangelo – Nadine Sautel
Modigliani – Christian Parisot
Napoleão Bonaparte – Pascale Fautrier
Nietzsche – Dorian Astor
Oscar Wilde – Daniel Salvatore Schiffer
Picasso – Gilles Plazy
Rimbaud – Jean-Baptiste Baronian
Shakespeare – Claude Mourthé
Van Gogh – David Haziot / Prêmio da Academia Francesa 2008
Virginia Woolf – Alexandra Lemasson

Coleção L&PM POCKET

1. **Catálogo geral da Coleção**
2. **Poesias** – Fernando Pessoa
3. **O livro dos sonetos** – org. Sergio Faraco
4. **Hamlet** – Shakespeare / trad. Millôr
5. **Isadora, frag. autobiográficos** – Isadora Duncan
6. **Histórias sicilianas** – G. Lampedusa
7. **O relato de Arthur Gordon Pym** – Edgar A. Poe
8. **A mulher mais linda da cidade** – Bukowski
9. **O fim de Montezuma** – Hernan Cortez
10. **A ninfomania** – D. T. Bienville
11. **As aventuras de Robinson Crusoé** – D. Defoe
12. **Histórias de amor** – A. Bioy Casares
13. **Armadilha mortal** – Roberto Arlt
14. **Contos de fantasmas** – Daniel Defoe
15. **Os pintores cubistas** – G. Apollinaire
16. **A morte de Ivan Ilitch** – L.Tolstói
17. **A desobediência civil** – D. H. Thoreau
18. **Liberdade, liberdade** – F. Rangel e M. Fernandes
19. **Cem sonetos de amor** – Pablo Neruda
20. **Mulheres** – Eduardo Galeano
21. **Cartas a Théo** – Van Gogh
22. **Don Juan** – Molière / Trad. Millôr Fernandes
23. **Horla** – Guy de Maupassant
25. **O caso de Charles Dexter Ward** – Lovecraft
26. **Vathek** – William Beckford
27. **Hai-Kais** – Millôr Fernandes
28. **Adeus, minha adorada** – Raymond Chandler
29. **Cartas portuguesas** – Mariana Alcoforado
30. **A mensageira das violetas** – Florbela Espanca
31. **Espumas flutuantes** – Castro Alves
32. **Dom Casmurro** – Machado de Assis
34. **Alves & Cia.** – Eça de Queiroz
35. **Uma temporada no inferno** – A. Rimbaud
36. **A corresp. de Fradique Mendes** – Eça de Queiroz
38. **Antologia poética** – Olavo Bilac
39. **O rei Lear** – Shakespeare
40. **Memórias póstumas de Brás Cubas** – Machado de Assis
41. **Que loucura!** – Woody Allen
42. **O duelo** – Casanova
44. **Gentidades** – Darcy Ribeiro
45. **Memórias de um Sargento de Milícias** – Manuel Antônio de Almeida
46. **Os escravos** – Castro Alves
47. **O desejo pego pelo rabo** – Pablo Picasso
48. **Os inimigos** – Máximo Gorki
49. **O colar de veludo** – Alexandre Dumas
50. **Livro dos bichos** – Vários
51. **Quincas Borba** – Machado de Assis
53. **O exército de um homem só** – Moacyr Scliar
54. **Frankenstein** – Mary Shelley
55. **Dom Segundo Sombra** – Ricardo Güiraldes
56. **De vagabs e vagabundos** – Jack London
57. **O homem bicentenário** – Isaac Asimov
58. **A viuvinha** – José de Alencar
59. **Livro das cortesãs** – org. de Sergio Faraco
60. **Últimos poemas** – Pablo Neruda
61. **A moreninha** – Joaquim Manuel de Macedo
62. **Cinco minutos** – José de Alencar
63. **Saber envelhecer e a amizade** – Cícero
64. **Enquanto a noite não chega** – J. Guimarães
65. **Tufão** – Joseph Conrad
66. **Aurélia** – Gérard de Nerval
67. **I-Juca-Pirama** – Gonçalves Dias
68. **Fábulas** – Esopo
69. **Teresa Filósofa** – Anônimo do Séc. XVIII
70. **Avent. inéditas de Sherlock Holmes** – Arthur Conan Doyle
71. **Quintana de bolso** – Mario Quintana
72. **Antes e depois** – Paul Gauguin
73. **A morte de Olivier Bécaille** – Émile Zola
74. **Iracema** – José de Alencar
75. **Iaiá Garcia** – Machado de Assis
76. **Utopia** – Tomás Morus
77. **Sonetos para amar o amor** – Camões
78. **Carmem** – Prosper Mérimée
79. **Senhora** – José de Alencar
80. **Hagar, o horrível 1** – Dik Browne
81. **O coração das trevas** – Joseph Conrad
82. **Um estudo em vermelho** – Arthur Conan Doyle
83. **Todos os sonetos** – Augusto dos Anjos
84. **A propriedade é um roubo** – P.-J. Proudhon
85. **Drácula** – Bram Stoker
86. **O marido complacente** – Sade
87. **De profundis** – Oscar Wilde
88. **Sem plumas** – Woody Allen
89. **Os bruzundangas** – Lima Barreto
90. **O cão dos Baskervilles** – Arthur Conan Doyle
91. **Paraísos artificiais** – Charles Baudelaire
92. **Cândido, ou o otimismo** – Voltaire
93. **Triste fim de Policarpo Quaresma** – Lima Barreto
94. **Amor de perdição** – Camilo Castelo Branco
95. **A megera domada** – Shakespeare / trad. Millôr
96. **O mulato** – Aluísio Azevedo
97. **O alienista** – Machado de Assis
98. **O livro dos sonhos** – Jack Kerouac
99. **Noite na taverna** – Álvares de Azevedo
100. **Aura** – Carlos Fuentes
102. **Contos gauchescos e Lendas do sul** – Simões Lopes Neto
103. **O cortiço** – Aluísio Azevedo
104. **Marília de Dirceu** – T. A. Gonzaga
105. **O Primo Basílio** – Eça de Queiroz
106. **O ateneu** – Raul Pompéia
107. **Um escândalo na Boêmia** – Arthur Conan Doyle
108. **Contos** – Machado de Assis
109. **20 Sonetos** – Luis Vaz de Camões
110. **O príncipe** – Maquiavel
111. **A escrava Isaura** – Bernardo Guimarães
112. **O solteirão nobre** – Conan Doyle
114. **Shakespeare de A a Z** – Shakespeare
115. **A relíquia** – Eça de Queiroz
117. **Livro do ouro** – Vários
118. **Lira dos 20 anos** – Álvares de Azevedo
119. **Esaú e Jacó** – Machado de Assis
120. **A barcarola** – Pablo Neruda

121. **Os conquistadores** – Júlio Verne
122. **Contos breves** – G. Apollinaire
123. **Taipi** – Herman Melville
124. **Livro dos desaforos** – org. de Sergio Faraco
125. **A mão e a luva** – Machado de Assis
126. **Doutor Miragem** – Moacyr Scliar
127. **O penitente** – Isaac B. Singer
128. **Diários da descoberta da América** – Cristóvão Colombo
129. **Édipo Rei** – Sófocles
130. **Romeu e Julieta** – Shakespeare
131. **Hollywood** – Bukowski
132. **Billy the Kid** – Pat Garrett
133. **Cuca fundida** – Woody Allen
134. **O jogador** – Dostoiévski
135. **O livro da selva** – Rudyard Kipling
136. **O vale do terror** – Arthur Conan Doyle
137. **Dançar tango em Porto Alegre** – S. Faraco
138. **O gaúcho** – Carlos Reverbel
139. **A volta ao mundo em oitenta dias** – J. Verne
140. **O livro dos esnobes** – W. M. Thackeray
141. **Amor & morte em Poodle Springs** – Raymond Chandler & R. Parker
142. **As aventuras de David Balfour** – Stevenson
143. **Alice no país das maravilhas** – Lewis Carroll
144. **A ressurreição** – Machado de Assis
145. **Inimigos, uma história de amor** – I. Singer
146. **O Guarani** – José de Alencar
147. **A cidade e as serras** – Eça de Queiroz
148. **Eu e outras poesias** – Augusto dos Anjos
149. **A mulher de trinta anos** – Balzac
150. **Pomba enamorada** – Lygia F. Telles
151. **Contos fluminenses** – Machado de Assis
152. **Antes de Adão** – Jack London
153. **Intervalo amoroso** – A.Romano de Sant'Anna
154. **Memorial de Aires** – Machado de Assis
155. **Naufrágios e comentários** – Cabeza de Vaca
156. **Ubirajara** – José de Alencar
157. **Textos anarquistas** – Bakunin
159. **Amor de salvação** – Camilo Castelo Branco
160. **O gaúcho** – José de Alencar
161. **O livro das maravilhas** – Marco Polo
162. **Inocência** – Visconde de Taunay
163. **Helena** – Machado de Assis
164. **Uma estação de amor** – Horácio Quiroga
165. **Poesia reunida** – Martha Medeiros
166. **Memórias de Sherlock Holmes** – Conan Doyle
167. **A vida de Mozart** – Stendhal
168. **O primeiro terço** – Neal Cassady
169. **O mandarim** – Eça de Queiroz
170. **Um espinho de marfim** – Marina Colasanti
171. **A ilustre Casa de Ramires** – Eça de Queiroz
172. **Lucíola** – José de Alencar
173. **Antígona** – Sófocles – trad. Donaldo Schüler
174. **Otelo** – William Shakespeare
175. **Antologia** – Gregório de Matos
176. **A liberdade de imprensa** – Karl Marx
177. **Casa de pensão** – Aluísio Azevedo
178. **São Manuel Bueno, Mártir** – Unamuno
179. **Primaveras** – Casimiro de Abreu
180. **O noviço** – Martins Pena
181. **O sertanejo** – José de Alencar
182. **Eurico, o presbítero** – Alexandre Herculano
183. **O signo dos quatro** – Conan Doyle
184. **Sete anos no Tibet** – Heinrich Harrer
185. **Vagamundo** – Eduardo Galeano
186. **De repente acidentes** – Carl Solomon
187. **As minas de Salomão** – Rider Haggar
188. **Uivo** – Allen Ginsberg
189. **A ciclista solitária** – Conan Doyle
190. **Os seis bustos de Napoleão** – Conan Doyle
191. **Cortejo do divino** – Nelida Piñon
194. **Os crimes do amor** – Marquês de Sade
195. **Besame Mucho** – Mário Prata
196. **Tuareg** – Alberto Vázquez-Figueroa
197. **O longo adeus** – Raymond Chandler
199. **Notas de um velho safado** – Bukowski
200. **111 ais** – Dalton Trevisan
201. **O nariz** – Nicolai Gogol
202. **O capote** – Nicolai Gogol
203. **Macbeth** – William Shakespeare
204. **Heráclito** – Donaldo Schüler
205. **Você deve desistir, Osvaldo** – Cyro Martins
206. **Memórias de Garibaldi** – A. Dumas
207. **A arte da guerra** – Sun Tzu
208. **Fragmentos** – Caio Fernando Abreu
209. **Festa no castelo** – Moacyr Scliar
210. **O grande deflorador** – Dalton Trevisan
212. **Homem do príncipio ao fim** – Millôr Fernandes
213. **Aline e seus dois namorados (1)** – A. Iturrusgarai
214. **A juba do leão** – Sir Arthur Conan Doyle
215. **Assassino metido a esperto** – R. Chandler
216. **Confissões de um comedor de ópio** – Thomas De Quincey
217. **Os sofrimentos do jovem Werther** – Goethe
218. **Fedra** – Racine / Trad. Millôr Fernandes
219. **O vampiro de Sussex** – Conan Doyle
220. **Sonho de uma noite de verão** – Shakespeare
221. **Dias e noites de amor e de guerra** – Galeano
222. **O Profeta** – Khalil Gibran
223. **Flávia, cabeça, tronco e membros** – M. Fernandes
224. **Guia da ópera** – Jeanne Suhamy
225. **Macário** – Álvares de Azevedo
226. **Etiqueta na prática** – Celia Ribeiro
227. **Manifesto do Partido Comunista** – Marx & Engels
228. **Poemas** – Millôr Fernandes
229. **Um inimigo do povo** – Henrik Ibsen
230. **O paraíso destruído** – Frei B. de las Casas
231. **O gato no escuro** – Josué Guimarães
232. **O mágico de Oz** – L. Frank Baum
233. **Armas no Cyrano's** – Raymond Chandler
234. **Max e os felinos** – Moacyr Scliar
235. **Nos céus de Paris** – Aicy Cheuiche
236. **Os bandoleiros** – Schiller
237. **A primeira coisa que eu botei na boca** – Deonísio da Silva
238. **As aventuras de Simbad, o marújo**
239. **O retrato de Dorian Gray** – Oscar Wilde
240. **A carteira de meu tio** – J. Manuel de Macedo
241. **A luneta mágica** – J. Manuel de Macedo
242. **A metamorfose** – Franz Kafka
243. **A flecha de ouro** – Joseph Conrad
244. **A ilha do tesouro** – R. L. Stevenson
245. **Marx - Vida & Obra** – José A. Giannotti
246. **Gênesis**

247. **Unidos para sempre** – Ruth Rendell
248. **A arte de amar** – Ovídio
249. **O sono eterno** – Raymond Chandler
250. **Novas receitas do Anonymus Gourmet** – J.A.P.M.
251. **A nova catacumba** – Arthur Conan Doyle
252. **Dr. Negro** – Arthur Conan Doyle
253. **Os voluntários** – Moacyr Scliar
254. **A bela adormecida** – Irmãos Grimm
255. **O príncipe sapo** – Irmãos Grimm
256. **Confissões** *e* **Memórias** – H. Heine
257. **Viva o Alegrete** – Sergio Faraco
258. **Vou estar esperando** – R. Chandler
259. **A senhora Beate e seu filho** – Schnitzler
260. **O ovo apunhalado** – Caio Fernando Abreu
261. **O ciclo das águas** – Moacyr Scliar
262. **Millôr Definitivo** – Millôr Fernandes
264. **Viagem ao centro da Terra** – Júlio Verne
265. **A dama do lago** – Raymond Chandler
266. **Caninos brancos** – Jack London
267. **O médico e o monstro** – R. L. Stevenson
268. **A tempestade** – William Shakespeare
269. **Assassinatos na rua Morgue** – E. Allan Poe
270. **99 corruíras nanicas** – Dalton Trevisan
271. **Broquéis** – Cruz e Sousa
272. **Mês de cães danados** – Moacyr Scliar
273. **Anarquistas – vol. 1 – A idéia** – G.Woodcock
274. **Anarquistas – vol. 2 – O movimento** – G.Woodcock
275. **Pai e filho, filho e pai** – Moacyr Scliar
276. **As aventuras de Tom Sawyer** – Mark Twain
277. **Muito barulho por nada** – W. Shakespeare
278. **Elogio da loucura** – Erasmo
279. **Autobiografia de Alice B. Toklas** – G. Stein
280. **O chamado da floresta** – J. London
281. **Uma agulha para o diabo** – Ruth Rendell
282. **Verdes vales do fim do mundo** – A. Bivar
283. **Ovelhas negras** – Caio Fernando Abreu
284. **O fantasma de Canterville** – O. Wilde
285. **Receitas de Yayá Ribeiro** – Celia Ribeiro
286. **A galinha degolada** – H. Quiroga
287. **O último adeus de Sherlock Holmes** – A. Conan Doyle
288. **A. Gourmet** *em* **Histórias de cama & mesa** – J. A. Pinheiro Machado
289. **Topless** – Martha Medeiros
290. **Mais receitas do Anonymus Gourmet** – J. A. Pinheiro Machado
291. **Origens do discurso democrático** – D. Schüler
292. **Humor politicamente incorreto** – Nani
293. **O teatro do bem e do mal** – E. Galeano
294. **Garibaldi & Manoela** – J. Guimarães
295. **10 dias que abalaram o mundo** – John Reed
296. **Numa fria** – Bukowski
297. **Poesia de Florbela Espanca** vol. 1
298. **Poesia de Florbela Espanca** vol. 2
299. **Escreva certo** – E. Oliveira e M. E. Bernd
300. **O vermelho e o negro** – Stendhal
301. **Ecce homo** – Friedrich Nietzsche
302.(7).**Comer bem, sem culpa** – Dr. Fernando Lucchese, A. Gourmet e Iotti
303. **O livro de Cesário Verde** – Cesário Verde
304. **100 receitas de macarrão** – S. Lancellotti
305. **160 receitas de molhos** – S. Lancellotti
306. **100 receitas light** – H. e Â. Tonetto
308. **100 receitas de sobremesas** – Celia Ribeiro
309. **Mais de 100 dicas de churrasco** – Leon Diziekaniak
310. **100 receitas de acompanhamentos** – C. Cabeda
311. **Honra ou vendetta** – S. Lancellotti
312. **A alma do homem sob o socialismo** – Oscar Wilde
313. **Tudo sobre Yôga** – Mestre De Rose
314. **Os varões assinalados** – Tabajara Ruas
315. **Édipo em Colono** – Sófocles
316. **Lisístrata** – Aristófanes / trad. Millôr
317. **Sonhos de Bunker Hill** – John Fante
318. **Os deuses de Raquel** – Moacyr Scliar
319. **O colosso de Marússia** – Henry Miller
320. **As eruditas** – Molière / trad. Millôr
321. **Radicci 1** – Iotti
322. **Os Sete contra Tebas** – Ésquilo
323. **Brasil Terra à vista** – Eduardo Bueno
324. **Radicci 2** – Iotti
325. **Júlio César** – William Shakespeare
326. **A carta de Pero Vaz de Caminha**
327. **Cozinha Clássica** – Sílvio Lancellotti
328. **Madame Bovary** – Gustave Flaubert
329. **Dicionário do viajante insólito** – M. Scliar
330. **O capitão saiu para o almoço...** – Bukowski
331. **A carta roubada** – Edgar Allan Poe
332. **É tarde para saber** – Josué Guimarães
333. **O livro de bolso da Astrologia** – Maggy Harrisonx e Mellina Li
334. **1933 foi um ano ruim** – John Fante
335. **100 receitas de arroz** – Aninha Comas
336. **Guia prático do Português correto – vol. 1** – Cláudio Moreno
337. **Bartleby, o escriturário** – H. Melville
338. **Enterrem meu coração na curva do rio** – Dee Brown
339. **Um conto de Natal** – Charles Dickens
340. **Cozinha sem segredos** – J. A. P. Machado
341. **A dama das Camélias** – A. Dumas Filho
342. **Alimentação saudável** – H. e Â. Tonetto
343. **Continhos galantes** – Dalton Trevisan
344. **A Divina Comédia** – Dante Alighieri
345. **A Dupla Sertanojo** – Santiago
346. **Cavalos do amanhecer** – Mario Arregui
347. **Biografia de Vincent van Gogh por sua cunhada** – Jo van Gogh-Bonger
348. **Radicci 3** – Iotti
349. **Nada de novo no front** – E. M. Remarque
350. **A hora dos assassinos** – Henry Miller
351. **Flush – Memórias de um cão** – Virginia Woolf
352. **A guerra no Bom Fim** – M. Scliar
353.(1).**O caso Saint-Fiacre** – Simenon
354.(2).**Morte na alta sociedade** – Simenon
355.(3).**O cão amarelo** – Simenon
356.(4).**Maigret e o homem do banco** – Simenon
357. **As uvas e o vento** – Pablo Neruda
358. **On the road** – Jack Kerouac
359. **O coração amarelo** – Pablo Neruda
360. **Livro das perguntas** – Pablo Neruda
361. **Noite de Reis** – William Shakespeare
362. **Manual de Ecologia (vol.1)** – J. Lutzenberger
363. **O mais longo dos dias** – Cornelius Ryan
364. **Foi bom prá você?** – Nani

365. **Crepusculário** – Pablo Neruda
366. **A comédia dos erros** – Shakespeare
367(5). **A primeira investigação de Maigret** – Simenon
368(6). **As férias de Maigret** – Simenon
369. **Mate-me por favor (vol.1)** – L. McNeil
370. **Mate-me por favor (vol.2)** – L. McNeil
371. **Carta ao pai** – Kafka
372. **Os vagabundos iluminados** – J. Kerouac
373(7). **O enforcado** – Simenon
374(8). **A fúria de Maigret** – Simenon
375. **Vargas, uma biografia política** – H. Silva
376. **Poesia reunida (vol.1)** – A. R. de Sant'Anna
377. **Poesia reunida (vol.2)** – A. R. de Sant'Anna
378. **Alice no país do espelho** – Lewis Carroll
379. **Residência na Terra 1** – Pablo Neruda
380. **Residência na Terra 2** – Pablo Neruda
381. **Terceira Residência** – Pablo Neruda
382. **O delírio amoroso** – Bocage
383. **Futebol ao sol e à sombra** – E. Galeano
384(9). **O porto das brumas** – Simenon
385(10). **Maigret e seu morto** – Simenon
386. **Radicci 4** – Iotti
387. **Boas maneiras & sucesso nos negócios** – Celia Ribeiro
388. **Uma história Farroupilha** – M. Scliar
389. **Na mesa ninguém envelhece** – J. A. Pinheiro Machado
390. **200 receitas inéditas do Anonymous Gourmet** – J. A. Pinheiro Machado
391. **Guia prático do Português correto – vol.2** – Cláudio Moreno
392. **Breviário das terras do Brasil** – Assis Brasil
393. **Cantos Cerimoniais** – Pablo Neruda
394. **Jardim de Inverno** – Pablo Neruda
395. **Antonio e Cleópatra** – William Shakespeare
396. **Tróia** – Cláudio Moreno
397. **Meu tio matou um cara** – Jorge Furtado
398. **O anatomista** – Federico Andahazi
399. **As viagens de Gulliver** – Jonathan Swift
400. **Dom Quixote** – (v. 1) – Miguel de Cervantes
401. **Dom Quixote** – (v. 2) – Miguel de Cervantes
402. **Sozinho no Pólo Norte** – Thomaz Brandolin
403. **Matadouro 5** – Kurt Vonnegut
404. **Delta de Vênus** – Anaïs Nin
405. **O melhor de Hagar 2** – Dik Browne
406. **É grave Doutor?** – Nani
407. **Orai pornô** – Nani
408(11). **Maigret em Nova York** – Simenon
409(12). **O assassino sem nome** – Simenon
410(13). **O mistério das jóias roubadas** – Simenon
411. **A irmãzinha** – Raymond Chandler
412. **Três contos** – Gustave Flaubert
413. **De ratos e homens** – John Steinbeck
414. **Lazarilho de Tormes** – Anônimo do séc. XVI
415. **Triângulo das águas** – Caio Fernando Abreu
416. **100 receitas de carnes** – Sílvio Lancellotti
417. **Histórias de robôs:** vol. 1 – org. Isaac Asimov
418. **Histórias de robôs:** vol. 2 – org. Isaac Asimov
419. **Histórias de robôs:** vol. 3 – org. Isaac Asimov
420. **O país dos centauros** – Tabajara Ruas
421. **A república de Anita** – Tabajara Ruas
422. **A carga dos lanceiros** – Tabajara Ruas
423. **Um amigo de Kafka** – Isaac Singer
424. **As alegres matronas de Windsor** – Shakespeare
425. **Amor e exílio** – Isaac Bashevis Singer
426. **Use & abuse do seu signo** – Marília Fiorillo e Marylou Simonsen
427. **Pigmaleão** – Bernard Shaw
428. **As fenícias** – Eurípides
429. **Everest** – Thomaz Brandolin
430. **A arte de furtar** – Anônimo do séc. XVI
431. **Billy Bud** – Herman Melville
432. **A rosa separada** – Pablo Neruda
433. **Elegia** – Pablo Neruda
434. **A garota de Cassidy** – David Goodis
435. **Como fazer a guerra: máximas de Napoleão** – Balzac
436. **Poemas escolhidos** – Emily Dickinson
437. **Gracias por el fuego** – Mario Benedetti
438. **O sofá** – Crébillon Fils
439. **O "Martín Fierro"** – Jorge Luis Borges
440. **Trabalhos de amor perdidos** – W. Shakespeare
441. **O melhor de Hagar 3** – Dik Browne
442. **Os Maias (volume1)** – Eça de Queiroz
443. **Os Maias (volume2)** – Eça de Queiroz
444. **Anti-Justine** – Restif de La Bretonne
445. **Juventude** – Joseph Conrad
446. **Contos** – Eça de Queiroz
447. **Janela para a morte** – Raymond Chandler
448. **Um amor de Swann** – Marcel Proust
449. **À paz perpétua** – Immanuel Kant
450. **A conquista do México** – Hernan Cortez
451. **Defeitos escolhidos e 2000** – Pablo Neruda
452. **O casamento do céu e do inferno** – William Blake
453. **A primeira viagem ao redor do mundo** – Antonio Pigafetta
454(14). **Uma sombra na janela** – Simenon
455(15). **A noite da encruzilhada** – Simenon
456(16). **A velha senhora** – Simenon
457. **Sartre** – Annie Cohen-Solal
458. **Discurso do método** – René Descartes
459. **Garfield em grande forma (1)** – Jim Davis
460. **Garfield está de dieta** (2) – Jim Davis
461. **O livro das feras** – Patricia Highsmith
462. **Viajante solitário** – Jack Kerouac
463. **Auto da barca do inferno** – Gil Vicente
464. **O livro vermelho dos pensamentos de Millôr** – Millôr Fernandes
465. **O livro dos abraços** – Eduardo Galeano
466. **Voltaremos!** – José Antonio Pinheiro Machado
467. **Rango** – Edgar Vasques
468(8). **Dieta mediterrânea** – Dr. Fernando Lucchese e José Antonio Pinheiro Machado
469. **Radicci 5** – Iotti
470. **Pequenos pássaros** – Anaïs Nin
471. **Guia prático do Português correto – vol.3** – Cláudio Moreno
472. **Atire no pianista** – David Goodis
473. **Antologia Poética** – García Lorca
474. **Alexandre e César** – Plutarco
475. **Uma espiã na casa do amor** – Anaïs Nin
476. **A gorda do Tiki Bar** – Dalton Trevisan
477. **Garfield um gato de peso (3)** – Jim Davis
478. **Canibais** – David Coimbra

479. **A arte de escrever** – Arthur Schopenhauer
480. **Pinóquio** – Carlo Collodi
481. **Misto-quente** – Bukowski
482. **Lua na sarjeta** – David Goodis
483. **O melhor do Recruta Zero (1)** – Mort Walker
484. **Aline: TPM – tensão pré-monstrual (2)** – Adão Iturrusgarai
485. **Sermões do Padre Antonio Vieira**
486. **Garfield numa boa (4)** – Jim Davis
487. **Mensagem** – Fernando Pessoa
488. **Vendeta** *seguido de* **A paz conjugal** – Balzac
489. **Poemas de Alberto Caeiro** – Fernando Pessoa
490. **Ferragus** – Honoré de Balzac
491. **A duquesa de Langeais** – Honoré de Balzac
492. **A menina dos olhos de ouro** – Honoré de Balzac
493. **O lírio no vale** – Honoré de Balzac
494(17). **A barcaça da morte** – Simenon
495(18). **As testemunhas rebeldes** – Simenon
496(19). **Um engano de Maigret** – Simenon
497(1). **A noite das bruxas** – Agatha Christie
498(2). **Um passe de mágica** – Agatha Christie
499(3). **Nêmesis** – Agatha Christie
500. **Esboço para uma teoria das emoções** – Sartre
501. **Renda básica de cidadania** – Eduardo Suplicy
502(1). **Pílulas para viver melhor** – Dr. Lucchese
503(2). **Pílulas para prolongar a juventude** – Dr. Lucchese
504(3). **Desembarcando o diabetes** – Dr. Lucchese
505(4). **Desembarcando o sedentarismo** – Dr. Fernando Lucchese e Cláudio Castro
506(5). **Desembarcando a hipertensão** – Dr. Lucchese
507(6). **Desembarcando o colesterol** – Dr. Fernando Lucchese e Fernanda Lucchese
508. **Estudos de mulher** – Balzac
509. **O terceiro tira** – Flann O'Brien
510. **100 receitas de aves e ovos** – J. A. P. Machado
511. **Garfield em toneladas de diversão (5)** – Jim Davis
512. **Trem-bala** – Martha Medeiros
513. **Os cães ladram** – Truman Capote
514. **O Kama Sutra de Vatsyayana**
515. **O crime do Padre Amaro** – Eça de Queiroz
516. **Odes de Ricardo Reis** – Fernando Pessoa
517. **O inverno da nossa desesperança** – Steinbeck
518. **Piratas do Tietê (1)** – Laerte
519. **Rê Bordosa: do começo ao fim** – Angeli
520. **O Harlem é escuro** – Chester Himes
521. **Café-da-manhã dos campeões** – Kurt Vonnegut
522. **Eugénie Grandet** – Balzac
523. **O último magnata** – F. Scott Fitzgerald
524. **Carol** – Patricia Highsmith
525. **100 receitas de patisseria** – Sílvio Lancellotti
526. **O fator humano** – Graham Greene
527. **Tristessa** – Jack Kerouac
528. **O diamante do tamanho do Ritz** – F. Scott Fitzgerald
529. **As melhores histórias de Sherlock Holmes** – Arthur Conan Doyle
530. **Cartas a um jovem poeta** – Rilke
531(20). **Memórias de Maigret** – Simenon
532(4). **O misterioso sr. Quin** – Agatha Christie
533. **Os analectos** – Confúcio
534(21). **Maigret e os homens de bem** – Simenon
535(22). **O medo de Maigret** – Simenon
536. **Ascensão e queda de César Birotteau** – Balzac
537. **Sexta-feira negra** – David Goodis
538. **Ora bolas – O humor de Mario Quintana** – Juarez Fonseca
539. **Longe daqui mesmo** – Antonio Bivar
540(5). **É fácil matar** – Agatha Christie
541. **O pai Goriot** – Balzac
542. **Brasil, um país do futuro** – Stefan Zweig
543. **O processo** – Kafka
544. **O melhor de Hagar 4** – Dik Browne
545(6). **Por que não pediram a Evans?** – Agatha Christie
546. **Fanny Hill** – John Cleland
547. **O gato por dentro** – William S. Burroughs
548. **Sobre a brevidade da vida** – Sêneca
549. **Geraldão (1)** – Glauco
550. **Piratas do Tietê (2)** – Laerte
551. **Pagando o pato** – Ciça
552. **Garfield de bom humor (6)** – Jim Davis
553. **Conhece o Mário?** vol.1 – Santiago
554. **Radicci 6** – Iotti
555. **Os subterrâneos** – Jack Kerouac
556(1). **Balzac** – François Taillandier
557(2). **Modigliani** – Christian Parisot
558(3). **Kafka** – Gérard-Georges Lemaire
559(4). **Júlio César** – Joël Schmidt
560. **Receitas da família** – J. A. Pinheiro Machado
561. **Boas maneiras à mesa** – Celia Ribeiro
562(9). **Filhos sadios, pais felizes** – R. Pagnoncelli
563(10). **Fatos & mitos** – Dr. Fernando Lucchese
564. **Ménage à trois** – Paula Taitelbaum
565. **Mulheres!** – David Coimbra
566. **Poemas de Álvaro de Campos** – Fernando Pessoa
567. **Medo e outras histórias** – Stefan Zweig
568. **Snoopy e sua turma (1)** – Schulz
569. **Piadas para sempre (1)** – Visconde da Casa Verde
570. **O alvo móvel** – Ross Macdonald
571. **O melhor do Recruta Zero (2)** – Mort Walker
572. **Um sonho americano** – Norman Mailer
573. **Os broncos também amam** – Angeli
574. **Crônica de um amor louco** – Bukowski
575(5). **Freud** – René Major e Chantal Talagrand
576(6). **Picasso** – Gilles Plazy
577(7). **Gandhi** – Christine Jordis
578. **A tumba** – H. P. Lovecraft
579. **O príncipe e o mendigo** – Mark Twain
580. **Garfield, um charme de gato (7)** – Jim Davis
581. **Ilusões perdidas** – Balzac
582. **Esplendores e misérias das cortesãs** – Balzac
583. **Walter Ego** – Angeli
584. **Striptiras (1)** – Laerte
585. **Fagundes: um puxa-saco de mão cheia** – Laerte
586. **Depois do último trem** – Josué Guimarães
587. **Ricardo III** – Shakespeare
588. **Dona Anja** – Josué Guimarães
589. **24 horas na vida de uma mulher** – Stefan Zweig
590. **O terceiro homem** – Graham Greene

591. **Mulher no escuro** – Dashiell Hammett
592. **No que acredito** – Bertrand Russell
593. **Odisséia (1): Telemaquia** – Homero
594. **O cavalo cego** – Josué Guimarães
595. **Henrique V** – Shakespeare
596. **Fabulário geral do delírio cotidiano** – Bukowski
597. **Tiros na noite 1: A mulher do bandido** – Dashiell Hammett
598. **Snoopy em Feliz Dia dos Namorados! (2)** – Schulz
599. **Mas não se matam cavalos?** – Horace McCoy
600. **Crime e castigo** – Dostoiévski
601(7). **Mistério no Caribe** – Agatha Christie
602. **Odisséia (2): Regresso** – Homero
603. **Piadas para sempre (2)** – Visconde da Casa Verde
604. **À sombra do vulcão** – Malcolm Lowry
605(8). **Kerouac** – Yves Buin
606. **E agora são cinzas** – Angeli
607. **As mil e uma noites** – Paulo Caruso
608. **Um assassino entre nós** – Ruth Rendell
609. **Crack-up** – F. Scott Fitzgerald
610. **Do amor** – Stendhal
611. **Cartas do Yage** – William Burroughs e Allen Ginsberg
612. **Striptiras (2)** – Laerte
613. **Henry & June** – Anaïs Nin
614. **A piscina mortal** – Ross Macdonald
615. **Geraldão (2)** – Glauco
616. **Tempo de delicadeza** – A. R. de Sant'Anna
617. **Tiros na noite 2: Medo de tiro** – Dashiell Hammett
618. **Snoopy em Assim é a vida, Charlie Brown! (3)** – Schulz
619. **1954 – Um tiro no coração** – Hélio Silva
620. **Sobre a inspiração poética (Íon) e ...** – Platão
621. **Garfield e seus amigos (8)** – Jim Davis
622. **Odisséia (3): Ítaca** – Homero
623. **A louca matança** – Chester Himes
624. **Factótum** – Bukowski
625. **Guerra e Paz: volume 1** – Tolstói
626. **Guerra e Paz: volume 2** – Tolstói
627. **Guerra e Paz: volume 3** – Tolstói
628. **Guerra e Paz: volume 4** – Tolstói
629(9). **Shakespeare** – Claude Mourthé
630. **Bem está o que bem acaba** – Shakespeare
631. **O contrato social** – Rousseau
632. **Geração Beat** – Jack Kerouac
633. **Snoopy: É Natal! (4)** – Charles Schulz
634(8). **Testemunha da acusação** – Agatha Christie
635. **Um elefante no caos** – Millôr Fernandes
636. **Guia de leitura (100 autores que você precisa ler)** – Organização de Léa Masina
637. **Pistoleiros também mandam flores** – David Coimbra
638. **O prazer das palavras** – vol. 1 – Cláudio Moreno
639. **O prazer das palavras** – vol. 2 – Cláudio Moreno
640. **Novíssimo testamento: com Deus e o diabo, a dupla da criação** – Iotti
641. **Literatura Brasileira: modos de usar** – Luís Augusto Fischer
642. **Dicionário de Porto-Alegrês** – Luís A. Fischer
643. **Clô Dias & Noites** – Sérgio Jockymann
644. **Memorial de Isla Negra** – Pablo Neruda
645. **Um homem extraordinário e outras histórias** – Tchékhov
646. **Ana sem terra** – Alcy Cheuiche
647. **Adultérios** – Woody Allen
648. **Para sempre ou nunca mais** – R. Chandler
649. **Nosso homem em Havana** – Graham Greene
650. **Dicionário Caldas Aulete de Bolso**
651. **Snoopy: Posso fazer uma pergunta, professora? (5)** – Charles Schulz
652(10). **Luís XVI** – Bernard Vincent
653. **O mercador de Veneza** – Shakespeare
654. **Cancioneiro** – Fernando Pessoa
655. **Non-Stop** – Martha Medeiros
656. **Carpinteiros, levantem bem alto a cumeeira & Seymour, uma apresentação** – J.D.Salinger
657. **Ensaios céticos** – Bertrand Russell
658. **O melhor de Hagar 5** – Dik e Chris Browne
659. **Primeiro amor** – Ivan Turguêniev
660. **A trégua** – Mario Benedetti
661. **Um parque de diversões da cabeça** – Lawrence Ferlinghetti
662. **Aprendendo a viver** – Sêneca
663. **Garfield, um gato em apuros (9)** – Jim Davis
664. **Dilbert (1)** – Scott Adams
665. **Dicionário de dificuldades** – Domingos Paschoal Cegalla
666. **A imaginação** – Jean-Paul Sartre
667. **O ladrão e os cães** – Naguib Mahfuz
668. **Gramática do português contemporâneo** – Celso Cunha
669. **A volta do parafuso** seguido de **Daisy Miller** – Henry James
670. **Notas do subsolo** – Dostoiévski
671. **Abobrinhas da Brasilônia** – Glauco
672. **Geraldão (3)** – Glauco
673. **Piadas para sempre (3)** – Visconde da Casa Verde
674. **Duas viagens ao Brasil** – Hans Staden
675. **Bandeira de bolso** – Manuel Bandeira
676. **A arte da guerra** – Maquiavel
677. **Além do bem e do mal** – Nietzsche
678. **O coronel Chabert** seguido de **A mulher abandonada** – Balzac
679. **O sorriso de marfim** – Ross Macdonald
680. **100 receitas de pescados** – Sílvio Lancellotti
681. **O juiz e seu carrasco** – Friedrich Dürrenmatt
682. **Noites brancas** – Dostoiévski
683. **Quadras ao gosto popular** – Fernando Pessoa
684. **Romanceiro da Inconfidência** – Cecília Meireles
685. **Kaos** – Millôr Fernandes
686. **A pele de onagro** – Balzac
687. **As ligações perigosas** – Choderlos de Laclos
688. **Dicionário de matemática** – Luiz Fernandes Cardoso
689. **Os Lusíadas** – Luís Vaz de Camões
690(11). **Átila** – Éric Deschodt
691. **Um jeito tranquilo de matar** – Chester Himes
692. **A felicidade conjugal** seguido de **O diabo** – Tolstói
693. **Viagem de um naturalista ao redor do mundo** – vol. 1 – Charles Darwin

694. **Viagem de um naturalista ao redor do mundo** – vol. 2 – Charles Darwin
695. **Memórias da casa dos mortos** – Dostoiévski
696. **A Celestina** – Fernando de Rojas
697. **Snoopy: Como você é azarado, Charlie Brown! (6)** – Charles Schulz
698. **Dez (quase) amores** – Claudia Tajes
699(9).**Poirot sempre espera** – Agatha Christie
700. **Cecília de bolso** – Cecília Meireles
701. **Apologia de Sócrates** *precedido de* **Êutifron e** *seguido de* **Críton** – Platão
702. **Wood & Stock** – Angeli
703. **Striptiras (3)** – Laerte
704. **Discurso sobre a origem e os fundamentos da desigualdade entre os homens** – Rousseau
705. **Os duelistas** – Joseph Conrad
706. **Dilbert (2)** – Scott Adams
707. **Viver e escrever (vol. 1)** – Edla van Steen
708. **Viver e escrever (vol. 2)** – Edla van Steen
709. **Viver e escrever (vol. 3)** – Edla van Steen
710(10).**A teia da aranha** – Agatha Christie
711. **O banquete** – Platão
712. **Os belos e malditos** – F. Scott Fitzgerald
713. **Libelo contra a arte moderna** – Salvador Dalí
714. **Akropolis** – Valerio Massimo Manfredi
715. **Devoradores de mortos** – Michael Crichton
716. **Sob o sol da Toscana** – Frances Mayes
717. **Batom na cueca** – Nani
718. **Vida dura** – Claudia Tajes
719. **Carne trêmula** – Ruth Rendell
720. **Cris, a fera** – David Coimbra
721. **O anticristo** – Nietzsche
722. **Como um romance** – Daniel Pennac
723. **Emboscada no Forte Bragg** – Tom Wolfe
724. **Assédio sexual** – Michael Crichton
725. **O espírito do Zen** – Alan W. Watts
726. **Um bonde chamado desejo** – Tennessee Williams
727. **Como gostais** *seguido de* **Conto de inverno** – Shakespeare
728. **Tratado sobre a tolerância** – Voltaire
729. **Snoopy: Doces ou travessuras? (7)** – Charles Schulz
730. **Cardápios do Anonymus Gourmet** – J.A. Pinheiro Machado
731. **100 receitas com lata** – J.A. Pinheiro Machado
732. **Conhece o Mário?** vol.2 – Santiago
733. **Dilbert (3)** – Scott Adams
734. **História de um louco amor** *seguido de* **Passado amor** – Horacio Quiroga
735(11).**Sexo: muito prazer** – Laura Meyer da Silva
736(12).**Para entender o adolescente** – Dr. Ronald Pagnoncelli
737(13).**Desembarcando a tristeza** – Dr. Fernando Lucchese
738. **Poirot e o mistério da arca espanhola & outras histórias** – Agatha Christie
739. **A última legião** – Valerio Massimo Manfredi
740. **As virgens suicidas** – Jeffrey Eugenides
741. **Sol nascente** – Michael Crichton
742. **Duzentos ladrões** – Dalton Trevisan
743. **Os devaneios do caminhante solitário** – Rousseau
744. **Garfield, o rei da preguiça (10)** – Jim Davis
745. **Os magnatas** – Charles R. Morris
746. **Pulp** – Charles Bukowski
747. **Enquanto agonizo** – William Faulkner
748. **Aline: viciada em sexo (3)** – Adão Iturrusgarai
749. **A dama do cachorrinho** – Anton Tchékhov
750. **Tito Andrônico** – Shakespeare
751. **Antologia poética** – Anna Akhmátova
752. **O melhor de Hagar 6** – Dik e Chris Browne
753(12).**Michelangelo** – Nadine Sautel
754. **Dilbert (4)** – Scott Adams
755. **O jardim das cerejeiras** *seguido de* **Tio Vânia** – Tchékhov
756. **Geração Beat** – Claudio Willer
757. **Santos Dumont** – Alcy Cheuiche
758. **Budismo** – Claude B. Levenson
759. **Cleópatra** – Christian-Georges Schwentzel
760. **Revolução Francesa** – Frédéric Bluche, Stéphane Rials e Jean Tulard
761. **A crise de 1929** – Bernard Gazier
762. **Sigmund Freud** – Edson Sousa e Paulo Endo
763. **Império Romano** – Patrick Le Roux
764. **Cruzadas** – Cécile Morrisson
765. **O mistério do Trem Azul** – Agatha Christie
766. **Os escrúpulos de Maigret** – Simenon
767. **Maigret se diverte** – Simenon
768. **Senso comum** – Thomas Paine
769. **O parque dos dinossauros** – Michael Crichton
770. **Trilogia da paixão** – Goethe
771. **A simples arte de matar (vol.1)** – R. Chandler
772. **A simples arte de matar (vol.2)** – R. Chandler
773. **Snoopy: No mundo da lua! (8)** – Charles Schulz
774. **Os Quatro Grandes** – Agatha Christie
775. **Um brinde de cianureto** – Agatha Christie
776. **Súplicas atendidas** – Truman Capote
777. **Ainda restam aveleiras** – Simenon
778. **Maigret e o ladrão preguiçoso** – Simenon
779. **A viúva imortal** – Millôr Fernandes
780. **Cabala** – Roland Goetschel
781. **Capitalismo** – Claude Jessua
782. **Mitologia grega** – Pierre Grimal
783. **Economia: 100 palavras-chave** – Jean-Paul Betbèze
784. **Marxismo** – Henri Lefebvre
785. **Punição para a inocência** – Agatha Christie
786. **A extravagância do morto** – Agatha Christie
787(13).**Cézanne** – Bernard Fauconnier
788. **A identidade Bourne** – Robert Ludlum
789. **Da tranquilidade da alma** – Sêneca
790. **Um artista da fome** *seguido de* **Na colônia penal e outras histórias** – Kafka
791. **Histórias de fantasmas** – Charles Dickens
792. **A louca de Maigret** – Simenon
793. **O amigo de infância de Maigret** – Simenon
794. **O revólver de Maigret** – Simenon
795. **A fuga do sr. Monde** – Simenon
796. **O Uraguai** – Basílio da Gama
797. **A mão misteriosa** – Agatha Christie
798. **Testemunha ocular do crime** – Agatha Christie
799. **Crepúsculo dos ídolos** – Friedrich Nietzsche
800. **Maigret e o negociante de vinhos** – Simenon
801. **Maigret e o mendigo** – Simenon
802. **O grande golpe** – Dashiell Hammett
803. **Humor barra pesada** – Nani

804. **Vinho** – Jean-François Gautier
805. **Egito Antigo** – Sophie Desplancques
806. (14).**Baudelaire** – Jean-Baptiste Baronian
807. **Caminho da sabedoria, caminho da paz** – Dalai Lama e Felizitas von Schönborn
808. **Senhor e servo e outras histórias** – Tolstói
809. **Os cadernos de Malte Laurids Brigge** – Rilke
810. **Dilbert (5)** – Scott Adams
811. **Big Sur** – Jack Kerouac
812. **Seguindo a correnteza** – Agatha Christie
813. **O álibi** – Sandra Brown
814. **Montanha-russa** – Martha Medeiros
815. **Coisas da vida** – Martha Medeiros
816. **A cantada infalível** seguido de **A mulher do centroavante** – David Coimbra
817. **Maigret e os crimes do cais** – Simenon
818. **Sinal vermelho** – Simenon
819. **Snoopy: Pausa para a soneca (9)** – Charles Schulz
820. **De pernas pro ar** – Eduardo Galeano
821. **Tragédias gregas** – Pascal Thiercy
822. **Existencialismo** – Jacques Colette
823. **Nietzsche** – Jean Granier
824. **Amar ou depender?** – Walter Riso
825. **Darmapada: A doutrina budista em versos**
826. **J'Accuse...!** – **a verdade em marcha** – Zola
827. **Os crimes ABC** – Agatha Christie
828. **Um gato entre os pombos** – Agatha Christie
829. **Maigret e o sumiço do sr. Charles** – Simenon
830. **Maigret e a morte do jogador** – Simenon
831. **Dicionário de teatro** – Luiz Paulo Vasconcellos
832. **Cartas extraviadas** – Martha Medeiros
833. **A longa viagem de prazer** – J. J. Morosoli
834. **Receitas fáceis** – J. A. Pinheiro Machado
835. (14).**Mais fatos & mitos** – Dr. Fernando Lucchese
836. (15).**Boa viagem!** – Dr. Fernando Lucchese
837. **Aline: Finalmente nua!!!** (4) – Adão Iturrusgarai
838. **Mônica tem uma novidade!** – Mauricio de Sousa
839. **Cebolinha em apuros!** – Mauricio de Sousa
840. **Sócios no crime** – Agatha Christie
841. **Bocas do tempo** – Eduardo Galeano
842. **Orgulho e preconceito** – Jane Austen
843. **Impressionismo** – Dominique Lobstein
844. **Escrita chinesa** – Viviane Alleton
845. **Paris: uma história** – Yvan Combeau
846. (15).**Van Gogh** – David Haziot
847. **Maigret e o corpo sem cabeça** – Simenon
848. **Portal do destino** – Agatha Christie
849. **O futuro de uma ilusão** – Freud
850. **O mal-estar na cultura** – Freud
851. **Maigret e o matador** – Simenon
852. **Maigret e o fantasma** – Simenon
853. **Um crime adormecido** – Agatha Christie
854. **Satori em Paris** – Jack Kerouac
855. **Medo e delírio em Las Vegas** – Hunter Thompson
856. **Um negócio fracassado e outros contos de humor** – Tchékhov
857. **Mônica está de férias!** – Mauricio de Sousa
858. **De quem é esse coelho?** – Mauricio de Sousa
859. **O burgomestre de Furnes** – Simenon
860. **O mistério Sittaford** – Agatha Christie
861. **Manhã transfigurada** – L. A. de Assis Brasil
862. **Alexandre, o Grande** – Pierre Briant
863. **Jesus** – Charles Perrot
864. **Islã** – Paul Balta
865. **Guerra da Secessão** – Farid Ameur
866. **Um rio que vem da Grécia** – Cláudio Moreno
867. **Maigret e os colegas americanos** – Simenon
868. **Assassinato na casa do pastor** – Agatha Christie
869. **Manual do líder** – Napoleão Bonaparte
870. (16).**Billie Holiday** – Sylvia Fol
871. **Bidu arrasando!** – Mauricio de Sousa
872. **Desventuras em família** – Mauricio de Sousa
873. **Liberty Bar** – Simenon
874. **E no final a morte** – Agatha Christie
875. **Guia prático do Português correto – vol. 4** – Cláudio Moreno
876. **Dilbert (6)** – Scott Adams
877. (17).**Leonardo da Vinci** – Sophie Chauveau
878. **Bella Toscana** – Frances Mayes
879. **A arte da ficção** – David Lodge
880. **Striptiras (4)** – Laerte
881. **Skrotinhos** – Angeli
882. **Depois do funeral** – Agatha Christie
883. **Radicci 7** – Iotti
884. **Walden** – H. D. Thoreau
885. **Lincoln** – Allen C. Guelzo
886. **Primeira Guerra Mundial** – Michael Howard
887. **A linha de sombra** – Joseph Conrad
888. **O amor é um cão dos diabos** – Bukowski
889. **Maigret sai em viagem** – Simenon
890. **Despertar: uma vida de Buda** – Jack Kerouac
891. (18).**Albert Einstein** – Laurent Seksik
892. **Hell's Angels** – Hunter Thompson
893. **Ausência na primavera** – Agatha Christie
894. **Dilbert (7)** – Scott Adams
895. **Ao sul de lugar nenhum** – Bukowski
896. **Maquiavel** – Quentin Skinner
897. **Sócrates** – C.C.W. Taylor
898. **A casa do canal** – Simenon
899. **O Natal de Poirot** – Agatha Christie
900. **As veias abertas da América Latina** – Eduardo Galeano
901. **Snoopy: Sempre alerta! (10)** – Charles Schulz
902. **Chico Bento: Plantando confusão** – Mauricio de Sousa
903. **Penadinho: Quem é morto sempre aparece** – Mauricio de Sousa
904. **A vida sexual da mulher feia** – Claudia Tajes
905. **100 segredos de liquidificador** – José Antonio Pinheiro Machado
906. **Sexo muito prazer 2** – Laura Meyer da Silva
907. **Os nascimentos** – Eduardo Galeano
908. **As caras e as máscaras** – Eduardo Galeano
909. **O século do vento** – Eduardo Galeano
910. **Poirot perde uma cliente** – Agatha Christie
911. **Cérebro** – Michael O'Shea
912. **O escaravelho de ouro e outras histórias** – Edgar Allan Poe
913. **Piadas para sempre (4)** – Visconde da Casa Verde
914. **100 receitas de massas light** – Helena Tonetto
915. (19).**Oscar Wilde** – Daniel Salvatore Schiffer
916. **Uma breve história do mundo** – H. G. Wells
917. **A Casa do Penhasco** – Agatha Christie
918. **Maigret e o finado sr. Gallet** – Simenon

919. **John M. Keynes** – Bernard Gazier
920.(20).**Virginia Woolf** – Alexandra Lemasson
921. **Peter e Wendy** *seguido de* **Peter Pan em Kensington Gardens** – J. M. Barrie
922. **Aline: numas de colegial (5)** – Adão Iturrusgarai
923. **Uma dose mortal** – Agatha Christie
924. **Os trabalhos de Hércules** – Agatha Christie
925. **Maigret na escola** – Simenon
926. **Kant** – Roger Scruton
927. **A inocência do Padre Brown** – G.K. Chesterton
928. **Casa Velha** – Machado de Assis
929. **Marcas de nascença** – Nancy Huston
930. **Aulete de bolso**
931. **Hora Zero** – Agatha Christie
932. **Morte na Mesopotâmia** – Agatha Christie
933. **Um crime na Holanda** – Simenon
934. **Nem te conto, João** – Dalton Trevisan
935. **As aventuras de Huckleberry Finn** – Mark Twain
936.(21).**Marilyn Monroe** – Anne Plantagenet
937. **China moderna** – Rana Mitter
938. **Dinossauros** – David Norman
939. **Louca por homem** – Claudia Tajes
940. **Amores de alto risco** – Walter Riso
941. **Jogo de damas** – David Coimbra
942. **Filha é filha** – Agatha Christie
943. **M ou N?** – Agatha Christie
944. **Maigret se defende** – Simenon
945. **Bidu: diversão em dobro!** – Mauricio de Sousa
946. **Fogo** – Anaïs Nin
947. **Rum: diário de um jornalista bêbado** – Hunter Thompson
948. **Persuasão** – Jane Austen
949. **Lágrimas na chuva** – Sergio Faraco
950. **Mulheres** – Bukowski
951. **Um pressentimento funesto** – Agatha Christie
952. **Cartas na mesa** – Agatha Christie
953. **Maigret em Vichy** – Simenon
954. **O lobo do mar** – Jack London
955. **Os gatos** – Patricia Highsmith
956.(22).**Jesus** – Christiane Rancé
957. **História da medicina** – William Bynum
958. **O Morro dos Ventos Uivantes** – Emily Brontë
959. **A filosofia na era trágica dos gregos** – Nietzsche
960. **Os treze problemas** – Agatha Christie
961. **A massagista japonesa** – Moacyr Sclíar
962. **A taberna dos dois tostões** – Simenon
963. **Humor do miserê** – Nani
964. **Todo o mundo tem dúvida, inclusive você** – Édison de Oliveira
965. **A dama do Bar Nevada** – Sergio Faraco
966. **O Smurf Repórter** – Peyo
967. **O Bebê Smurf** – Peyo
968. **Maigret e os flamengos** – Simenon
969. **O psicopata americano** – Bret Easton Ellis
970. **Ensaios de amor** – Alain de Botton
971. **O grande Gatsby** – F. Scott Fitzgerald
972. **Por que não sou cristão** – Bertrand Russell
973. **A Casa Torta** – Agatha Christie
974. **Encontro com a morte** – Agatha Christie
975.(23).**Rimbaud** – Jean-Baptiste Baronian
976. **Cartas na rua** – Bukowski
977. **Memória** – Jonathan K. Foster
978. **A abadia de Northanger** – Jane Austen
979. **As pernas de Úrsula** – Claudia Tajes
980. **Retrato inacabado** – Agatha Christie
981. **Solanin (1)** – Inio Asano
982. **Solanin (2)** – Inio Asano
983. **Aventuras de menino** – Mitsuru Adachi
984.(16).**Fatos & mitos sobre sua alimentação** – Dr. Fernando Lucchese
985. **Teoria quântica** – John Polkinghorne
986. **O eterno marido** – Fiódor Dostoiévski
987. **Um safado em Dublin** – J. P. Donleavy
988. **Mirinha** – Dalton Trevisan
989. **Akhenaton e Nefertiti** – Carmen Seganfredo e A. S. Franchini
990. **On the Road – o manuscrito original** – Jack Kerouac
991. **Relatividade** – Russell Stannard
992. **Abaixo de zero** – Bret Easton Ellis
993.(24).**Andy Warhol** – Mériam Korichi
994. **Maigret** – Simenon
995. **Os últimos casos de Miss Marple** – Agatha Christie
996. **Nico Demo** – Mauricio de Sousa
997. **Maigret e a mulher do ladrão** – Simenon
998. **Rousseau** – Robert Wokler
999. **Noite sem fim** – Agatha Christie
1000. **Diários de Andy Warhol (1)** – Editado por Pat Hackett
1001. **Diários de Andy Warhol (2)** – Editado por Pat Hackett
1002. **Cartier-Bresson: o olhar do século** – Pierre Assouline
1003. **As melhores histórias da mitologia: vol. 1** – A.S. Franchini e Carmen Seganfredo
1004. **As melhores histórias da mitologia: vol. 2** – A.S. Franchini e Carmen Seganfredo
1005. **Assassinato no beco** – Agatha Christie
1006. **Convite para um homicídio** – Agatha Christie
1007. **Um fracasso de Maigret** – Simenon
1008. **História da vida** – Michael J. Benton
1009. **Jung** – Anthony Stevens
1010. **Arsène Lupin, ladrão de casaca** – Maurice Leblanc
1011. **Dublinenses** – James Joyce
1012. **120 tirinhas da Turma da Mônica** – Mauricio de Sousa
1013. **Antologia poética** – Fernando Pessoa
1014. **A aventura de um cliente ilustre** *seguido de* **O último adeus de Sherlock Holmes** – Sir Arthur Conan Doyle
1015. **Cenas de Nova York** – Jack Kerouac
1016. **A corista** – Anton Tchékhov
1017. **O diabo** – Leon Tolstói
1018. **Fábulas chinesas** – Sérgio Capparelli e Márcia Schmaltz
1019. **O gato do Brasil** – Sir Arthur Conan Doyle
1020. **Missa do Galo** – Machado de Assis
1021. **O mistério de Marie Rogêt** – Edgar Allan Poe
1022. **A mulher mais linda da cidade** – Bukowski
1023. **O retrato** – Nicolai Gogol
1024. **O conflito** – Agatha Christie
1025. **Os primeiros casos de Poirot** – Agatha Christie
1026. **Maigret e o cliente de sábado** – Simenon

1027(25). Beethoven – Bernard Fauconnier
1028. Platão – Julia Annas
1029. Cleo e Daniel – Roberto Freire
1030. Til – José de Alencar
1031. Viagens na minha terra – Almeida Garrett
1032. Profissões para mulheres e outros artigos feministas – Virginia Woolf
1033. Mrs. Dalloway – Virginia Woolf
1034. O cão da morte – Agatha Christie
1035. Tragédia em três atos – Agatha Christie
1036. Maigret hesita – Simenon
1037. O fantasma da Ópera – Gaston Leroux
1038. Evolução – Brian e Deborah Charlesworth
1039. Medida por medida – Shakespeare
1040. Razão e sentimento – Jane Austen
1041. A obra-prima ignorada *seguido de* Um episódio durante o Terror – Balzac
1042. A fugitiva – Anaïs Nin
1043. As grandes histórias da mitologia greco-romana – A. S. Franchini
1044. O corno de si mesmo & outras historietas – Marquês de Sade
1045. Da felicidade *seguido de* Da vida retirada – Sêneca
1046. O horror em Red Hook e outras histórias – H. P. Lovecraft
1047. Noite em claro – Martha Medeiros
1048. Poemas clássicos chineses – Li Bai, Du Fu e Wang Wei
1049. A terceira moça – Agatha Christie
1050. Um destino ignorado – Agatha Christie
1051(26). Buda – Sophie Royer
1052. Guerra Fria – Robert J. McMahon
1053. Simons's Cat: as aventuras de um gato travesso e comilão – vol. 1 – Simon Tofield
1054. Simons's Cat: as aventuras de um gato travesso e comilão – vol. 2 – Simon Tofield
1055. Só as mulheres e as baratas sobreviverão – Claudia Tajes
1056. Maigret e o ministro – Simenon
1057. Pré-história – Chris Gosden
1058. Pintou sujeira! – Mauricio de Sousa
1059. Contos de Mamãe Gansa – Charles Perrault
1060. A interpretação dos sonhos: vol. 1 – Freud
1061. A interpretação dos sonhos: vol. 2 – Freud
1062. Frufru Rataplã Dolores – Dalton Trevisan
1063. As melhores histórias da mitologia egípcia – Carmem Seganfredo e A.S. Franchini
1064. Infância. Adolescência. Juventude – Tolstói
1065. As consolações da filosofia – Alain de Botton
1066. Diários de Jack Kerouac – 1947-1954
1067. Revolução Francesa – vol. 1 – Max Gallo
1068. Revolução Francesa – vol. 2 – Max Gallo
1069. O detetive Parker Pyne – Agatha Christie
1070. Memórias do esquecimento – Flávio Tavares
1071. Drogas – Leslie Iversen
1072. Manual de ecologia (vol.2) – J. Lutzenberger
1073. Como andar no labirinto – Affonso Romano de Sant'Anna
1074. A orquídea e o serial killer – Juremir Machado da Silva
1075. Amor nos tempos de fúria – Lawrence Ferlinghetti
1076. A aventura do pudim de Natal – Agatha Christie
1077. Maigret no Picratt's – Simenon
1078. Amores que matam – Patricia Faur
1079. Histórias de pescador – Mauricio de Sousa
1080. Pedaços de um caderno manchado de vinho – Bukowski
1081. A ferro e fogo: tempo de solidão (vol.1) – Josué Guimarães
1082. A ferro e fogo: tempo de guerra (vol.2) – Josué Guimarães
1083. Carta a meu juiz – Simenon
1084(17). Desembarcando o Alzheimer – Dr. Fernando Lucchese e Dra. Ana Hartmann
1085. A maldição do espelho – Agatha Christie
1086. Uma breve história da filosofia – Nigel Warburton
1087. Uma confidência de Maigret – Simenon
1088. Heróis da História – Will Durant
1089. Concerto campestre – L. A. de Assis Brasil
1090. Morte nas nuvens – Agatha Christie
1091. Maigret no tribunal – Simenon
1092. Aventura em Bagdá – Agatha Christie
1093. O cavalo amarelo – Agatha Christie
1094. O método de interpretação dos sonhos – Freud
1095. Sonetos de amor e desamor – Vários
1096. 120 tirinhas do Dilbert – Scott Adams
1097. 124 fábulas de Esopo
1098. O curioso caso de Benjamin Button – F. Scott Fitzgerald
1099. Piadas para sempre: uma antologia para morrer de rir – Visconde da Casa Verde
1100. Hamlet (Mangá) – Shakespeare
1101. A arte da guerra (Mangá) – Sun Tzu
1102. Maigret na pensão – Simenon
1103. Meu amigo Maigret – Simenon
1104. As melhores histórias da Bíblia (vol.1) – A. S. Franchini e Carmen Seganfredo
1105. As melhores histórias da Bíblia (vol.2) – A. S. Franchini e Carmen Seganfredo
1106. Psicologia das massas e análise do eu – Freud
1107. Guerra Civil Espanhola – Helen Graham
1108. A autoestrada do sul e outras histórias – Julio Cortázar
1109. O mistério dos sete relógios – Agatha Christie
1110. Peanuts: Ninguém gosta de mim... (amor) – Charles Schulz
1111. Cadê o bolo? – Mauricio de Sousa
1112. O filósofo ignorante – Voltaire
1113. Totem e tabu – Freud
1114. Filosofia pré-socrática – Catherine Osborne
1115. Desejo de status – Alain de Botton
1116. Maigret e o informante – Simenon
1117. Peanuts: 120 tirinhas – Charles Schulz
1118. Passageiro para Frankfurt – Agatha Christie
1119. Maigret se irrita – Simenon
1120. Kill All Enemies – Melvin Burgess
1121. A morte da sra. McGinty – Agatha Christie
1122. Revolução Russa – S. A. Smith
1123. Até você, Capitu? – Dalton Trevisan
1124. O grande Gatsby (Mangá) – F. S. Fitzgerald
1125. Assim falou Zaratustra (Mangá) – Nietzsche
1126. Peanuts: É para isso que servem os amigos (amizade) – Charles Schulz

1127(27).**Nietzsche** – Dorian Astor
1128.**Bidu: Hora do banho** – Mauricio de Sousa
1129.**O melhor do Macanudo Taurino** – Santiago
1130.**Radicci 30 anos** – Iotti
1131.**Show de sabores** – J.A. Pinheiro Machado
1132.**O prazer das palavras** – vol. 3 – Cláudio Moreno
1133.**Morte na praia** – Agatha Christie
1134.**O fardo** – Agatha Christie
1135.**Manifesto do Partido Comunista (Mangá)** – Marx & Engels
1136.**A metamorfose (Mangá)** – Franz Kafka
1137.**Por que você não se casou... ainda** – Tracy McMillan
1138.**Textos autobiográficos** – Bukowski
1139.**A importância de ser prudente** – Oscar Wilde
1140.**Sobre a vontade na natureza** – Arthur Schopenhauer
1141.**Dilbert (8)** – Scott Adams
1142.**Entre dois amores** – Agatha Christie
1143.**Cipreste triste** – Agatha Christie
1144.**Alguém viu uma assombração?** – Mauricio de Sousa
1145.**Mandela** – Elleke Boehmer
1146.**Retrato do artista quando jovem** – James Joyce
1147.**Zadig ou o destino** – Voltaire
1148.**O contrato social (Mangá)** – J.-J. Rousseau
1149.**Garfield fenomenal** – Jim Davis
1150.**A queda da América** – Allen Ginsberg
1151.**Música na noite & outros ensaios** – Aldous Huxley
1152.**Poesias inéditas & Poemas dramáticos** – Fernando Pessoa
1153.**Peanuts: Felicidade é...** – Charles M. Schulz
1154.**Mate-me por favor** – Legs McNeil e Gillian McCain
1155.**Assassinato no Expresso Oriente** – Agatha Christie
1156.**Um punhado de centeio** – Agatha Christie
1157.**A interpretação dos sonhos (Mangá)** – Freud
1158.**Peanuts: Você não entende o sentido da vida** – Charles M. Schulz
1159.**A dinastia Rothschild** – Herbert R. Lottman
1160.**A Mansão Hollow** – Agatha Christie
1161.**Nas montanhas da loucura** – H.P. Lovecraft
1162(28).**Napoleão Bonaparte** – Pascale Fautrier
1163.**Um corpo na biblioteca** – Agatha Christie
1164.**Inovação** – Mark Dodgson e David Gann
1165.**O que toda mulher deve saber sobre os homens: a afetividade masculina** – Walter Riso
1166.**O amor está no ar** – Mauricio de Sousa
1167.**Testemunha de acusação & outras histórias** – Agatha Christie

IMPRESSÃO:

Pallotti
GRÁFICA EDITORA
IMAGEM DE QUALIDADE

Santa Maria - RS - Fone/Fax: (55) 3220.4500
www.pallotti.com.br